Sentir et savoir

Antonio Damasio

Sentir et savoir

Une nouvelle théorie de la conscience

Traduit de l'anglais (États-Unis)
par Jean-Clément Nau

Odile Jacob

Titre original : *Feeling & Knowing. Making Minds Conscious*,
New York, Pantheon Books.

15, rue Soufflot, 75005 Paris

www.odilejacob.fr

ISBN : 978-2-7381-5460-6

*« The life of a play begins and ends in the moment of performance**. *»*

Peter BROOK

---

* « La vie d'une pièce commence et finit au moment où elle se joue. »

AVANT TOUTE CHOSE

1.

Le format du livre que vous vous apprêtez à lire a d'étranges origines. Il doit beaucoup à un privilège dont j'ai longtemps joui, ainsi qu'à une frustration que j'ai souvent ressentie. Mon privilège fut de disposer de tout l'espace dont j'avais besoin pour exposer des idées scientifiques complexes dans les nombreuses pages d'un livre de non-fiction. Ma frustration est née en parlant à mes lecteurs au fil des années, et en apprenant d'eux que certaines des idées que j'exposais avec enthousiasme – et que je voulais absolument leur faire découvrir – se perdaient dans le flot de longues discussions, passant presque inaperçues, et ne satisfaisant donc pas grand monde. Ma réaction était toujours la même : une résolution ferme – mais sans cesse repoussée – de consacrer un livre à mes idées favorites en laissant de côté tout le reste, soit le tissu conjonctif et l'échafaudage censés structurer le tout. En bref, je formulais le souhait d'imiter les poètes et les sculpteurs que j'admire tant : tailler le superflu, puis épurer de nouveau ; pratiquer l'art du haïku. Le livre que vous tenez entre vos mains est la conséquence.

Lorsque Dan Frank, mon éditeur américain, m'a proposé d'écrire un ouvrage très court et condensé sur le thème de la conscience, il ne s'attendait pas à trouver un auteur si réceptif et enthousiaste. Le livre que vous tenez entre vos mains n'est pas exactement conforme à la commande, car il ne concerne pas *uniquement* la conscience – mais il s'en approche. J'ignorais qu'en reconsidérant et en dépouillant tout ce matériau, je serais amené à me confronter à des faits qui m'avaient échappés et à développer de nouvelles idées non seulement sur la conscience mais aussi sur des phénomènes connexes. Les chemins de la découverte sont tortueux.

C'est qu'il est impossible d'expliquer la nature de la conscience et son apparition sans passer en revue plusieurs questions d'importance dans les domaines de la biologie, de la psychologie et des neurosciences.

La première question concerne les différents types d'*intelligence* et d'*esprit*. Nous savons que les organismes vivants les plus répandus sur terre sont unicellulaires – les bactéries, notamment. Sont-ils intelligents ? Oui, absolument : d'une intelligence remarquable. Possèdent-ils un esprit ? À mon sens, non ; j'estime qu'ils sont également privés de conscience. Ces créatures sont autonomes, et possèdent de toute évidence une forme de « cognition » concernant leur environnement ; et pourtant, en fait d'esprit et de conscience, elles s'appuient sur des *compétences non explicites* – fondées sur des processus moléculaires et inframoléculaires – qui gouvernent leurs vies avec efficacité, conformément aux directives de l'homéostasie.

Qu'en est-il des humains ? Avons-nous l'esprit et seulement l'esprit ? Non – voilà pour la réponse simple. Nous avons un esprit, certes : un esprit peuplé de schémas de représentations sensorielles, que l'on appelle *images ;* mais nous possédons également les compétences non explicites qui ont si bien servi les organismes moins complexes. Nous sommes gouvernés par deux types d'intelligence qui reposent sur deux sortes de cognition. La première est celle que les humains étudient et chérissent depuis longtemps :

elle se fonde sur le raisonnement et la créativité, et dépend de la manipulation de schémas explicites d'information, les *images.* La seconde est la compétence non explicite qu'on trouve dans les bactéries, le type d'intelligence dont dépend la quasi-totalité de la vie sur terre, aujourd'hui comme hier. Elle n'est pas accessible à l'inspection mentale.

La deuxième question concerne la capacité à *ressentir. Comment pouvons-nous ressentir du plaisir et de la douleur, nous sentir bien ou malades, contents ou tristes ?* Nous connaissons la réponse traditionnelle : c'est le cerveau qui nous permet de ressentir ; il nous suffit donc d'étudier les mécanismes cérébraux sous-jacents à chaque sentiment spécifique. Il est certes important de se pencher sur les corrélats chimiques et neuronaux des différents types de sentiments – un domaine exploré par la neurobiologie avec quelques succès, mais qui n'est pas l'objet de mon ouvrage. Mon but est autre : déterminer quels mécanismes fonctionnels nous permettent d'*éprouver dans l'esprit* un processus qui a clairement lieu dans la *dimension physique du corps.* Cette étrange pirouette – partir du corps physique pour aboutir à une expérience mentale – est communément attribuée aux bons offices du cerveau, et plus précisément à l'activité de ces dispositifs physiques et chimiques que sont les neurones. Cette remarquable transition s'effectue certes grâce au système nerveux, *mais rien ne prouve que ce dernier l'effectue seul.* Qui plus est, beaucoup considèrent que cette étrange pirouette qui permet au corps physique d'héberger des expériences mentales est inexplicable.

Je mettrai ici l'accent sur deux observations constituant, je l'espère, le début d'une réponse satisfaisante. L'une concerne les caractéristiques anatomiques et fonctionnelles uniques du système nerveux intéroceptif, qui achemine les signaux depuis le corps jusqu'au cerveau. Ces caractéristiques sont radicalement différentes de celles que l'on trouve dans les autres voies sensorielles ; elles ont certes fait l'objet d'études, mais j'estime que leur importance n'a pas été assez soulignée. Elles permettent d'expliquer l'étrange mélange de « signaux corporels » et de « signaux neuronaux » qui rendent possible de faire l'expérience de la chair.

Une autre observation digne d'attention porte sur la relation, tout aussi unique, qui lie le corps au système nerveux – et plus précisément sur le fait que ce dernier est contenu en totalité dans les limites du premier. *Le système nerveux, y compris le cerveau qui en est le centre naturel, est logé dans son intégralité au sein du territoire du corps proprement dit, et entretient avec lui un commerce étroit.* Résultat : le corps et le système nerveux ont la possibilité d'*interagir directement et abondamment.* Rien de comparable avec la relation qui lie notre système nerveux au monde extérieur à notre organisme. Cet arrangement très spécial a une conséquence stupéfiante : à la différence des perceptions du corps conventionnelles, les sentiments sont plutôt des *hybrides*, qui tiennent tout autant du corps et de l'esprit.

Cette condition hybride pourrait aider à comprendre *pourquoi il y a une distinction profonde, mais pas d'opposition, entre sentiment et raison, pourquoi nous sommes des créatures sensibles douées de pensée et des créatures pensantes douées de sentiment.* L'existence que nous traversons est faite de sentiment et de raisonnement, ou des deux à la fois, tout dépend des circonstances. La nature humaine tire parti d'une abondance d'intelligence, explicite ou non explicite, mais aussi du sentiment et de la raison, séparément ou combinés l'un avec l'autre. Nous disposons donc d'une puissance intellectuelle impressionnante, mais encore bien trop faible pour nous permettre de traiter décemment nos semblables – sans parler du reste des êtres vivants.

Armés de ces nouvelles données, nous voici désormais en mesure d'aborder directement la conscience en elle-même. *Comment le cerveau nous fournit-il des expériences mentales que nous associons systématiquement à notre être – c'est-à-dire à nous-mêmes ?* Les réponses envisageables, nous le verrons, s'acheminent vers une transparence désarmante.

2.

Avant d'aller plus loin, il me faut donner quelques précisions sur la manière dont j'aborde l'étude des phénomènes mentaux. Cette approche commence évidemment par les phénomènes mentaux eux-mêmes – lorsque des individus singuliers se lancent dans un travail d'introspection et nous rapportent leurs observations. L'introspection a ses limites, mais elle n'a pas d'équivalents – et encore moins de remplaçants potentiels. Elle constitue la seule fenêtre directe vers les phénomènes que nous cherchons à comprendre, et elle a admirablement servi le génie scientifique et artistique de William James, Sigmund Freud, Marcel Proust et Viriginia Woolf. À plus d'un siècle de distance, leur œuvre reste extraordinaire même si nous pouvons revendiquer quelques petites avancées.

Les résultats de l'introspection peuvent désormais être reliés entre eux et enrichis par des résultats obtenus avec d'autres méthodes, qui s'appliquent aussi aux phénomènes mentaux mais les étudient indirectement, en se concentrant, d'une part, sur leurs manifestations comportementales et, d'autre part, sur leurs corrélats biologiques, neurophysiologiques, physico-chimiques et sociaux. Au cours des dernières décennies, plusieurs innovations techniques ont révolutionné ces méthodes et leur ont donné une puissance considérable. Le texte que vous allez lire s'appuie sur des résultats issus d'un travail d'intégration de ces efforts scientifiques formels et des résultats de l'introspection.

Il serait assez vain de se plaindre des failles de l'auto-observation et de ses limites évidentes ; ou, d'ailleurs, de se plaindre du caractère indirect des sciences traitant des phénomènes mentaux. Nous ne pouvons procéder autrement ; par ailleurs, nos techniques polyvalentes, désormais à la pointe de la technologie, minimisent grandement ces difficultés.

Une dernière mise en garde : les faits soulevés par cette approche pluridimensionnelle doivent faire l'objet d'une interprétation. Ils sont source d'idées et de théories qui nous servent à expliquer les faits de la meilleure façon possible. Certaines de ces idées et de ces théories semblent assez bien correspondre aux faits et s'avèrent plutôt convaincantes, mais ne vous y trompez pas : nous devons les considérer comme de simples hypothèses. Une hypothèse doit être soumise à un test expérimental approprié, et doit être étayée, ou non, par des preuves factuelles. Il ne faut pas confondre la théorie, si séduisante soit-elle, avec les faits vérifiés. Mais les événements mentaux sont des phénomènes complexes, et la vérification d'une théorie ne se fait pas en un jour ; dans l'attente, nous devons donc souvent nous contenter de propositions *plausibles*.

PARTIE I

DE L'ÊTRE

1.

Au commencement n'était pas le verbe

Au commencement n'était pas le verbe ; voilà au moins une certitude. Ne nous méprenons pas : l'univers du vivant n'a jamais été simple, bien au contraire. Il a toujours été complexe, dès son apparition, il y a 4 milliards d'années. La vie s'est déployée sans mot ni pensée, sans sentiment et sans raison, dépourvue d'esprits ou de consciences. Et pourtant, les organismes vivants sont parvenus à sentir leurs semblables et leurs environnements. Par « sentir », j'entends détecter une « présence » – d'un autre organisme à part entière, d'une molécule située sur la surface d'un autre organisme, ou d'une molécule sécrétée par un autre organisme. Sentir n'est *pas* percevoir ; sentir ne revient *pas* à construire un « modèle » (*pattern*) sur la base de quelque autre réalité pour en produire une « représentation » et en créer une « image » dans l'esprit. Pourtant, sentir est la forme la plus élémentaire de la cognition.

Chose encore plus surprenante : les organismes vivants ont répondu de manière *intelligente* à ce qu'ils sentaient. Répondre avec intelligence signifie que la réponse favorise la poursuite de leur vie. Par exemple, si ce qu'ils sentaient posait un problème, la réponse intelligente était celle qui résolvait le problème. Fait notable, l'ingéniosité de ces organismes simples ne reposait pas sur des connaissances explicites, comme celles qu'utilise aujourd'hui notre esprit, et qui exige des représentations et des images. Elle s'appuyait sur une compétence cachée, qui prenait en compte un seul et unique objectif : maintenir la vie. Cette intelligence non explicite se chargeait de prendre soin de la vie, de l'organiser selon les règles et les réglages de l'*homéostasie*. L'homéostasie ? On pourrait décrire l'homéostasie comme un ensemble de règles de savoir-faire, implacablement suivies selon les directives d'un manuel un peu particulier, sans aucun mot, sans aucune illustration. Ces directives garantissent que les paramètres dont dépend la vie, par exemple la présence de nutriments, certains niveaux de température ou de pH, sont maintenus dans un intervalle optimal.

Au commencement, donc, pas de verbe : ni parlé ni écrit – pas même dans le rigoureux manuel des règles du vivant.

2.

LE BUT DE L'EXISTENCE

Je sais que parler du but de l'existence peut créer un certain malaise. Pourtant, considérée depuis la perspective innocente de chaque organisme vivant, la vie est indissociable d'un but apparent : son propre maintien, jusqu'à l'inévitable mort de vieillesse.

La vie prend le chemin le plus direct pour assurer son propre maintien : elle respecte les lois de l'homéostasie, l'ensemble complexe de mesures régulatrices qui a rendu la vie possible à l'époque des tout premiers organismes unicellulaires. Lorsque les organismes multicellulaires et multisystèmes ont commencé à faire fureur – environ 3,5 milliards d'années plus tard –, l'homéostasie a reçu l'aide d'un outil de coordination d'un nouveau genre, fruit de l'évolution : les systèmes nerveux, qui se mirent bientôt à gérer les actions, mais aussi à représenter des modèles (*patterns*), puis à engendrer des cartes et des images. L'esprit allait naître. Quelques centaines de millions d'années s'écoulèrent, au cours desquelles une partie de l'homéostasie commença à être prise en charge par l'esprit – l'esprit sensible et conscient dont l'apparition avait été rendue possible par les systèmes nerveux. Tout ce qui manquait désormais à la vie pour être gérée encore mieux, c'était le raisonnement créatif appuyé sur des connaissances mémorisées. Les sentiments, d'un côté, et le raisonnement créatif, de l'autre, ont joué un rôle important dans cette nouvelle gouvernance offerte par la conscience. Ces capacités nouvelles ont donné à la vie un but plus ample : la survie, bien sûr – mais également une abondance de bien-être découlant surtout de l'expérience de ses propres créations intelligentes.

Le but de la survie et les exigences de l'homéostasie sont toujours les mêmes aujourd'hui, que ce soit chez des êtres unicellulaires comme les bactéries ou chez l'humain. Toutefois l'intelligence qui accompagne ce mécanisme n'est pas la même chez l'humain et chez la bactérie. Les organismes simples et sans esprit ne disposent que d'une intelligence non explicite et inconsciente. À leur intelligence, il manque les ressources des représentations explicites – or les représentations explicites sont des outils puissants. Les humains disposent des deux sortes d'intelligence.

On ne peut évoquer la vie et les types de gestion intelligente sur lesquels s'appuient les différentes espèces sans identifier clairement l'éventail des stratégies distinctes et spécifiques de ces créatures, et sans donner des noms aux étapes fonctionnelles qu'elles constituent. *Sentir* (détecter) est la plus élémentaire : c'est une faculté présente dans toutes les formes de vie, à mon sens. Vient ensuite l'*esprit*. Il requiert un système nerveux et la création de représentations et d'images, composants cruciaux. Les images mentales composent un flux incessant et se prêtent à des manipulations à l'infini, générant de nouvelles images. Comme nous le verrons, l'esprit ouvre la voie au *sentiment* et à la *conscience*. Il est important de distinguer ces étapes intermédiaires, sans quoi il serait presque impossible de faire la lumière sur la question de la conscience.

3.

Les virus, ces casse-tête

Évoquer des compétences intelligentes, mais privées d'esprit, me fait songer à la tragédie que nous traversons aujourd'hui mais aussi aux mystères qui planent encore sur l'univers des virus. En dépit de nos succès contre la poliomyélite, la rougeole, et des solutions pour lutter contre le VIH et la grippe saisonnière, avec ses inconvénients et ses dangers, les virus nous tiennent toujours en échec du point de vue scientifique et médical, et c'est une humiliation majeure. Face aux épidémies virales, notre préparation est négligente et notre ignorance est patente : la science actuelle est insuffisante pour parler clairement des virus et combattre efficacement leurs effets.

En revanche, les bactéries ont de moins en moins de secrets pour nous : nous comprenons désormais leur rôle dans l'évolution et leur interdépendance avec l'être humain, interdépendance qui nous est largement profitable. Il est désormais impossible de penser l'humain sans le microbiome ; on ne peut pas en dire autant des virus. Premier écueil : la classification des virus et la compréhension de leur rôle dans l'économie générale du vivant. Les virus sont-ils vivants ? Non. Les virus ne sont pas des organismes vivants. Alors pourquoi dit-on que l'on cherche à les « tuer » ? Quel est leur statut au sein du grand tout biologique ? Quelle est leur place dans la marche de l'évolution ? Pourquoi et comment parviennent-ils à mettre les êtres vivants sens dessus dessous ? Les réponses sont souvent hésitantes et floues, ce qui peut étonner au regard de l'intense souffrance qu'ils nous infligent. La comparaison des virus et des bactéries est riche d'enseignements. Les virus ne possèdent aucune énergie métabolique, contrairement aux bactéries ; et contrairement à elles, ils ne produisent pas d'énergie ni d'excréments. Les virus ne peuvent pas initier de mouvements. Ils sont faits d'acides nucléiques – ADN ou ARN – et de quelques protéines associées.

Ils ne peuvent se reproduire par eux-mêmes, mais ils peuvent envahir les organismes – véritablement – vivants, détourner leurs systèmes vitaux et s'y multiplier. En bref, ils ne sont pas vivants mais peuvent parasiter le vivant et acquérir une « pseudo-vie ». Ce faisant, ils détruisent souvent la vie de leur hôte – une vie qui leur permet de poursuivre leur existence ambiguë, de fabriquer et de distribuer « leurs » acides nucléiques. Et sur ce point, en dépit de leur « non-vie », nous ne pouvons enlever au virus une certaine intelligence non explicite, semblable à celle qui anime tous les êtres vivants, à commencer par les bactéries. Les virus sont doués d'une compétence cachée, qui ne se manifeste que lorsqu'ils atteignent un terrain qui leur est favorable.

4.

Les cerveaux et les corps

Toute théorie qui contourne le système nerveux pour expliquer l'existence de l'esprit et de la conscience est condamnée à l'échec. Le système nerveux est le facteur déterminant de la création de l'esprit et de la conscience, conditions du raisonnement créatif. À l'inverse, toute théorie qui voudrait rendre compte de l'esprit et de la conscience en s'appuyant *exclusivement* sur le système nerveux est elle aussi condamnée à l'échec. Et c'est malheureusement le cas de la plupart des théories contemporaines. C'est en partie à cause de ceux qui cherchent vainement à expliquer la conscience à travers le seul prisme de l'activité nerveuse que la conscience est considérée comme un mystère insondable. S'il est vrai que la conscience telle que nous la connaissons ne peut émerger complètement qu'au sein d'organismes dotés de systèmes nerveux, il faut également souligner qu'elle requiert de nombreuses interactions entre la partie centrale de ces systèmes, le cerveau proprement dit, et plusieurs régions du corps ne relevant pas du système nerveux.

Lorsque le système nerveux se marie au corps, ce dernier lui apporte les bases de son intelligence biologique, la compétence non explicite qui gouverne la vie en faisant respecter les exigences de l'homéostasie et qui s'exprime sous la forme de sensations. Et le fait que les sensations sont en grande partie le fruit du système nerveux ne change rien à cette réalité fondamentale.

Et dans ce mariage avec le corps, qu'apporte le système nerveux ? La possibilité de rendre les connaissances *explicites*. Il s'y emploie en construisant des modèles (*patterns*) spatiaux qui, nous le verrons, constituent des images. Les systèmes nerveux permettent de confier à la mémoire les connaissances représentées dans les images, ouvrant la voie au type de manipulation des images qui permet la réflexion, la préparation, le raisonnement, pour finalement engendrer des symboles et créer de nouvelles réponses, de nouveaux objets, de nouvelles idées. Le mariage des corps et des cerveaux permet même de révéler certains des secrets de la biologie ; autrement dit, la rime et la raison de son intelligence.

5.

Les systèmes nerveux, créations après coup de la nature ?

Les systèmes nerveux ont fait une entrée tardive dans l'histoire de la vie. Ils n'ont jamais été « primordiaux ». Ils sont apparus pour servir le vivant, pour rendre la vie possible lorsque la complexité des organismes nécessitait un haut niveau de coordination fonctionnelle. Certes, les systèmes nerveux permettent d'engendrer des phénomènes et des fonctions extraordinaires jusqu'alors absentes, comme les sentiments, l'esprit, la conscience, le raisonnement explicite, les langages verbaux et les mathématiques.

Chose curieuse, ces nouveautés « neuroautorisées » ont étendu les réalisations des intelligences biologiques non explicites et des capacités cognitives non explicites, qui étaient déjà en place, entièrement au service du vivant. Les nouveautés neuronales ont travaillé à optimiser la régulation homéostatique et à mieux assurer le maintien de la vie. C'est précisément ce qu'ont fait les systèmes nerveux en fournissant les hauts niveaux de coordination fonctionnelle requis par les organismes multicellulaires complexes. Ces organismes, pourvus de systèmes différenciés – endocrinaux, respiratoires, digestifs, reproductifs –, ont été sauvés par les systèmes nerveux, et les organismes qui en étaient dotés ont été sauvés par les inventions de ces systèmes nerveux : les images mentales, les sentiments, la conscience, la créativité, les cultures.

Les systèmes nerveux sont de splendides « après-coup » nés d'une nature dépourvue d'esprit et de pensée, mais dotée d'une véritable prescience.

6.

Être,
ressentir et connaître

L'histoire des organismes vivants a commencé il y a 4 milliards d'années, et elle a emprunté plusieurs voies. L'une de ses branches a conduit à l'apparition de l'humanité. Dans cette branche, je me plais à imaginer trois stades d'évolution distincts et consécutifs. Le premier porte la marque de l'*être*, le second est celui du *ressentir*[1] et le troisième celui du *connaître*, au sens général du terme. Fait étrange, en chaque être humain contemporain on peut retrouver quelque chose qui s'apparente à ces trois mêmes étapes, qui apparaissent dans le même ordre. Les étapes de l'être, du ressentir et du connaître peuvent être associées à des systèmes anatomiques et fonctionnels distincts qui coexistent au sein de chacun d'entre nous ; ils demeurent actifs à l'âge adulte et répondent à nos besoins[2].

Les organismes vivants les plus simples – unicellulaires (ou composés de très peu de cellules) et privés de système nerveux – naissent, deviennent adultes, se défendent et finissent par mourir, de vieillesse, de maladie, ou parce qu'ils sont détruits par d'autres créatures. Ce sont des êtres vivants à part entière, capables de repérer les meilleurs lieux de vie au sein de leur environnement, prêts à lutter pour leur survie – et ce sans le moindre esprit, sans parler de conscience. Ils n'ont pas non plus de système nerveux. Leurs choix ne sont ni prémédités ni réfléchis : impossible de préméditer ou de réfléchir sans posséder un esprit éclairé par la conscience. Si ces êtres vivants agissent ainsi, c'est parce qu'ils sont influencés par des processus chimiques efficaces, eux-mêmes guidés par une compétence bien réglée, mais cachée, qui se calque sur les exigences de l'homéostasie, ce qui permet de maintenir la plupart des paramètres des processus vitaux à un niveau compatible avec la survie. Ils y parviennent sans recourir à des représentations explicites de l'environnement ou de l'intérieur – en d'autres termes sans recourir à un esprit – et sans l'assistance de la pensée ou de prises de décision reposant sur la pensée. Ce processus est complété par une forme minimale de cognition qui se manifeste par exemple par une capacité à « sentir » les obstacles ou à estimer le nombre des autres organismes présents en un lieu et à un moment déterminé, ce qu'on appelle la « détection du quorum[3] ».

Les compétences cachées sont l'effet de contraintes physiques et chimiques et permettent de poursuivre un but – mener une bonne vie – tout en composant avec la réalité. Chacun des organismes vivants possédant ces compétences est, essentiellement, une usine chimique qui de façon autonome réalise des activités métaboliques et produit des biens métaboliques, bien qu'entièrement dépourvu de système digestif ou métabolique. Ces organismes « pseudo-simples », dont les bactéries sont les meilleurs exemples, sont toutefois surprenants : ils peuvent vivre en tant que membres d'un groupe social dans l'immensité du monde, plus précisément au sein d'autres organismes vivants, tels que nous-mêmes. Nous leur offrons le gîte et le couvert, en échange de quelques précieux services chimiques. Il arrive que ces locataires abusent de la situation et prennent plus que leur dû ; et parfois, les choses finissent mal pour les propriétaires *et* pour les locataires.

Au premier stade de l'existence, il n'y a rien que nous puissions appeler une capacité explicite de sentir ou une capacité explicite de connaître, bien que le processus de la « vie bonne » ait à se conformer à des arrangements physiques idéaux sans lesquels la vie ne serait pas apparue où n'aurait pas fait long feu. Aussi, dans le cheminement historique que nous brossons à gros traits, *être* précède *sentir*. À mes yeux, pour pouvoir *ressentir*, un organisme doit ajouter quelques cordes à son arc. Il doit être multicellulaire, posséder des systèmes d'organes différenciés, plus ou moins élaborés, et parmi eux le plus brillant, le système nerveux, coordinateur naturel des processus internes du vivant et des relations avec l'environnement. Et ensuite ? Beaucoup de choses, nous allons le voir.

Sans système nerveux, pas de gestes moteurs complexes. Il est le point de départ d'une véritable nouveauté : l'*esprit*. Les sentiments comptent parmi les premiers phénomènes mentaux et l'on ne soulignera jamais assez leur importance. Les sentiments permettent à une créature de représenter dans l'esprit son propre corps, soucieux de réguler les fonctions de ses organes internes selon les nécessités de la vie : se nourrir, boire, excréter ; se mettre sur la défensive comme on le fait dans le cas de la peur ou de la colère, du dégoût ou du mépris ; adopter des comportements de coordination sociale tels que la coopération ou le conflit ; afficher l'épanouissement, la joie, l'exaltation, et même les comportements liés à la procréation.

Les sentiments permettent à l'organisme d'*éprouver* sa propre vie. Plus précisément, ils fournissent à l'organisme une évaluation graduée du succès relatif de son aptitude à *vivre :* un examen naturel dont le résultat est perçu sous la forme d'une qualité – plaisante ou déplaisante, légère ou intense. Ces informations sont précieuses et tout à fait neuves : le type d'informations que les organismes cantonnés au stade de « l'être[4] » ne peuvent obtenir. Sans surprise, les sentiments jouent un rôle important dans la création d'un « soi », processus mental animé par l'état de l'organisme. Ils sont ancrés dans sa charpente corporelle – la charpente constituée des structures musculaires et osseuses –, et orientés selon la perspective que nous offrent les canaux sensoriels tels que la vue et l'ouïe.

Une fois que l'être et que le ressentir sont structurés et opérationnels, ils sont prêts à soutenir la sapience qui constitue le troisième membre du trio : *savoir*.

Les sentiments nous donnent la connaissance de la vie dans le corps et rendent cette connaissance consciente, sans en perdre la moindre pulsation (nous expliquerons aux parties III et IV comment les sentiments réalisent ce processus). Il s'agit là d'un processus fondamental tout à fait décisif, et pourtant c'est à peine si nous le remarquons – quelle ingratitude –, distraits que nous sommes par le fracas venu d'une autre branche du savoir, construite celle-là par les systèmes sensoriels – la vue, l'ouïe, les sensations corporelles, le goût et l'odorat, avec l'aide de la mémoire. Les cartes et les images engendrées sur la base des informations sensorielles deviennent les composants les plus abondants et les plus divers de l'esprit, aux côtés des sentiments continuellement présents et liés à ces sensations. La plupart du temps, ils sont dominants dans les opérations mentales.

Curieusement, chaque système sensoriel, pris en lui-même, est dépourvu d'expérience consciente. Par exemple, le système visuel – la rétine, les voies visuelles et les cortex visuels – produit des cartes du monde extérieur et élabore les images visuelles explicites correspondantes. Mais le système visuel ne nous permettrait pas de déclarer automatiquement ces images comme étant nôtres, comme se produisant à l'intérieur de notre organisme. Nous ne pourrions pas relier ces images à notre être, nous n'en serions pas conscients. Seule la mise en œuvre coordonnée des trois types de traitement – être, ressentir et savoir – permet aux images d'être connectées à notre organisme. Elles lui sont littéralement *attribuées*, elles sont *placées en son sein*. C'est alors seulement que l'expérience peut émerger.

Même s'il a lieu sans fanfare, c'est un pas physiologique décisif qui s'accomplit ainsi. Ses conséquences sont proprement extraordinaires. Lorsque les expériences commencent à être enregistrées par la mémoire, les organismes doués de sentiment et de conscience deviennent capables d'entretenir une histoire plus ou moins complète de leur existence : l'histoire de leurs interactions avec autrui, et de leurs interactions avec leur environnement – en un mot, l'histoire de chaque vie individuelle au sein de chaque organisme individuel. L'armature même de ce que c'est qu'être une personne.

7.

Chronologie du vivant

Protocellules	4 milliards d'années
Premières cellules, cellules sans noyau (ou procaryotes, dont les bactéries)	3,8 milliards d'années
Photosynthèse	3,5 milliards d'années
Premières cellules individuelles à noyau (ou eucaryotes)	2 milliards d'années
Premiers organismes multicellulaires	700-600 millions d'années

Premiers systèmes nerveux	500 millions d'années
Poissons	500-400 millions d'années
Plantes	470 millions d'années
Mammifères	200 millions d'années
Primates	75 millions d'années
Oiseaux	60 millions d'années
Hominidés	14-12 millions d'années
Homo sapiens	300 000 ans

PARTIE II

DE L'ESPRIT ET DE L'ART NOUVEAU DE LA REPRÉSENTATION

1.

L'intelligence, l'esprit et la conscience

Ces trois concepts sont traîtres ; leur clarification est une tâche sans fin. L'intelligence, dans le contexte général de tous les organismes vivants, est la capacité à résoudre les problèmes que pose la lutte pour la vie. Une grande distance sépare l'intelligence des bactéries et l'intelligence humaine ; une distance de plusieurs milliards d'années d'évolution, pour être exact. Leur portée et leurs prouesses respectives sont évidemment différentes. L'intelligence humaine explicite n'est ni simple, ni modeste.

Elle requiert un esprit, et l'assistance des sentiments et de la conscience, qui sont des développements liés à l'esprit. Elle requiert la *perception*, la *mémoire*, et le *raisonnement*. Les contenus de l'esprit se fondent sur des *schémas (patterns) cartographiés dans l'espace*, qui représentent des objets et des actions. Ces contenus correspondent aux objets et aux actions que nous percevons à la fois à l'intérieur de notre organisme et dans le monde qui nous entoure. Les schémas cartographiés dans l'espace, que nous élaborons, peuvent faire l'objet d'une *inspection mentale*. Nous, propriétaires de l'esprit, nous pouvons étudier les « paramètres » et « l'extension » d'un schéma particulier. Propriétaires de ces schémas, nous pouvons en outre inspecter mentalement leur structure correspondant à un objet bien précis, et réfléchir, par exemple, au degré de « ressemblance » qu'ils entretiennent avec cet objet original.

En fin de compte, les contenus de l'esprit sont *manipulables* : nous, propriétaires des schémas, nous pouvons les découper en morceaux, et réarranger ces morceaux de mille et une façons pour former de nouveaux schémas. C'est précisément ce que nous faisons lorsque nous essayons de résoudre un problème : nous découpons les schémas pour les réorganiser à notre manière. C'est ce que nous appelons le raisonnement.

Lorsqu'on fait référence aux schémas (*patterns*) mentaux qui constituent l'esprit, il est commode de parler d'*images*. Je ne parle pas seulement d'images « visuelles », mais de schémas de tous types, produits par les canaux sensoriels dominants : des schémas visuels, bien sûr, mais aussi auditifs, tactiles, viscéraux. Après tout, lorsque nous jouons avec notre propre esprit de manière créative, nous utilisons bien notre *imagination* ?

L'intelligence des bactéries est différente : elle est cachée, non explicite. Ses machinations sont invisibles, pour les observateurs extérieurs, mais aussi – et de manière plus importante – pour l'organisme intelligent lui-même. Pour les observateurs que nous sommes, tout ce que nous pouvons connaître de la résolution d'un problème, c'est son commencement et sa fin, la question et la réponse – c'est frustrant. Les organismes en question en savent encore moins ! Tout ce que nous pouvons dire en l'état actuel de nos connaissances, c'est qu'il n'y a rien, à l'intérieur d'une bactérie intelligente, qui serait en mesure d'élaborer les schémas qui représenteraient des objets ou des actions de leur environnement ou de leur intérieur, rien qui ressemblerait à des images et, par conséquent, rien qui pourrait ressembler à un raisonnement. Et pourtant, il y a comportement intelligent, et il fonctionne à merveille, sur la base de calculs bioélectriques bien articulés. Ces calculs se font dans un théâtre d'opérations modeste – mais qui n'a rien de simple –, au niveau moléculaire et en deçà, au cœur des fondations physiques d'un organisme vivant.

On peut dresser deux listes parallèles spécifiant les caractéristiques clés des deux types d'intelligence afin de clarifier les choses. D'un côté, les intelligences secrètes, cachées, dissimulées, non explicites ; de l'autre, les intelligences ostensibles, manifestes, explicites, cartographiées, mentales/dotées d'un esprit. Et pourtant, si différents soient-ils, ces deux types d'intelligence sont apparus pour accomplir la même tâche : résoudre les problèmes soulevés par la lutte pour la vie. Pour résoudre les problèmes, les intelligences secrètes ont des solutions simples et économiques. Les intelligences explicites sont compliquées. Elles requièrent les sentiments et la conscience. Elles ont poussé les organismes à se soucier de cette lutte et, ce faisant, ont inventé de nouvelles manières de la mener.

On pourrait facilement passer à côté de l'importance des distinctions que j'établis ici entre les intelligences explicites et non explicites. « Non explicite » ne signifie pas « magique », bien que beaucoup de mystères biologiques attendent toujours d'être élucidés. « Explicite » ne signifie pas non plus « pleinement expliqué ». Simplement, les mécanismes non explicites ne sont pas transparents et ne peuvent être inspectés sans l'aide de moyens tels que les microscopes ou la biochimie de pointe, sans parler des interprétations théoriques permettant de rendre compte des faits. À l'inverse, s'agissant des mécanismes explicites, on a tout loisir de les inspecter en suivant la trace de schémas imagés, de leurs actions et de leurs relations.

Comme nous le découvrirons au fur et à mesure, les processus explicites nécessitent *la construction et le stockage de schémas (patterns) imagés par l'organisme et à l'intérieur de celui-ci.* En outre, ce même organisme doit être capable d'inspecter les schémas en interne, sans l'aide de technologies scientifiques sophistiquées, et d'organiser ses comportements en conséquence.

INTELLIGENCES	
Secrètes.	Ostensibles.
Cachées.	Manifestes.
Non explicites.	Explicites.
Fondées sur des processus chimiques/organiques dans les organelles et les membranes cellulaires.	Fondées sur des schémas neuronaux faisant l'objet d'une cartographie spatiale, qui « représentent » des objets et des actes et leur « ressemblent ».

Pour les bactéries (et les autres types de créatures unicellulaires), l'intelligence non explicite est un formidable don. Mais l'humain bénéficie d'un don bien plus incroyable encore : nous avons *les deux* types d'intelligence explicite et non explicite. Nous utilisons l'une ou l'autre en fonction des problèmes que nous rencontrons, et nous n'avons même pas besoin de choisir : nos habitudes mentales et nos styles de pensée décident à notre place[1].

Je laisse de côté une question épineuse : l'intelligence de ces concoctions monstrueuses et non vivantes que sont les « virus ». Lorsque les virus entrent dans un organisme vivant et viable, et alors même qu'ils demeurent « non vivants », ils *agissent* de manière particulièrement intelligente – si l'on en juge par leur permanence. Comme nous l'avons souligné plus haut, il s'agit là d'une situation paradoxale, et nous devons accepter cette frustration. Les virus sont des choses non vivantes, et pourtant ils se comportent de manière intelligente pour favoriser l'expansion de leur cargaison, qui, elle, peut produire la vie : les acides nucléiques.

2.

Sentir n'est pas la même chose qu'être conscient et ne requiert pas d'esprit

Tous les êtres vivants, si petits soient-ils, jouissent de la capacité de détecter – ou « sentir » – les stimuli sensoriels (la lumière, la chaleur, le froid, les vibrations, les chocs…). Les organismes peuvent également répondre à ce qu'ils détectent. Cette réaction prend pour cible leur environnement externe ou leur monde interne – l'intérieur de leur corps, défini par la membrane cellulaire qui le contient.

Les bactéries possèdent la faculté de sentir, tout comme les plantes ; pourtant, autant que l'on sache, ni les unes ni les autres ne sont conscientes. Elles sentent, et réagissent à ce qui est senti ; leurs membranes cellulaires peuvent détecter la température, l'acidité, les micropoussées et autres microbousculements, et elles répondent en évitant ces stimuli, ou en les fuyant purement et simplement. Les bactéries et les plantes possèdent une forme de cognition élémentaire, ainsi qu'une intelligence remarquable – mais elles n'ont pas de recul *explicite* sur ce qu'elles font, et elles sont incapables de raisonner explicitement. Comment le pourraient-elles ? Comme nous allons le découvrir, les connaissances ne deviennent explicites que lorsqu'elles sont exprimées sous la forme de schémas imagés, au sein d'un esprit – et on ne peut raisonner que si l'on est capable de manipuler les images de façon logique. Les bactéries et les plantes ne possèdent pas d'esprit ; elles ne possèdent pas de conscience non plus. Point important, *ni les bactéries ni les plantes ne possèdent de système nerveux.*

Sentir, à soi seul, ne peut permettre à un organisme d'acquérir une conscience ou un esprit. En revanche, la conscience ne devient possible que chez les organismes capables de sentir – et de bâtir un esprit.

Précisons toutefois que les bactéries, dans l'environnement extérieur comme à l'intérieur de nous, sont dotées d'une *compétence non explicite* qui leur permet de gérer leur vie de manière non seulement efficace, mais *intelligente*. Les plantes sont dans le même cas. Leur intelligence se porte sur des objectifs non formulés : survivre, toujours, et fleurir, souvent. Les bactéries et les plantes se comportent comme elles le « doivent » : elles respectent les impératifs de la régulation du vivant (ou « homéostasie »), certes, mais elles les respectent *aveuglément*. J'entends par là qu'elles ne *savent* pas pourquoi ni comment elles font ce qu'elles font. La machinerie chimique qui mène leurs actions avec tant de succès n'est pas *représentée* dans une autre partie de leur organisme et n'a aucun moyen de se *révéler* elle-même à l'organisme qui l'héberge. *Les rouages et les mécanismes qui président au succès ou à l'échec de l'organisme font leur travail, mais ils ne sont jamais « figurés » ailleurs au sein de cet organisme.* Au sein de ces organismes, il n'y a aucun lieu où les parties ou la manière dont elles sont machinées pourraient jamais constituer une connaissance explicite.

Puisque nous abordons la capacité de sentir et l'absence d'esprit et de conscience qui la caractérise, il serait bon d'évoquer un fait vraiment fascinant : à savoir que les bactéries et les plantes réagissent à de nombreux types de produits anesthésiants. Lorsqu'on leur administre ces produits, elles suspendent leurs fonctions vitales et entrent dans une forme d'hibernation qui les prive de leur faculté de sentir. C'est à Claude Bernard, illustre biologiste français, que l'on doit cette découverte à la fin du XIXe siècle. Imaginez sa surprise lorsqu'il a compris que les produits anesthésiants rudimentaires de son époque, alors absorbés par inhalation, permettaient de plonger les plantes dans un profond sommeil[1] !

Ce fait est d'autant plus remarquable que les plantes et les bactéries sont privées d'esprit et de conscience : autrement dit, elles sont privées de la « fonction » la plus communément associée à l'action des produits anesthésiants par les spécialistes comme par les néophytes. Si l'on est anesthésié avant une intervention chirurgicale, c'est parce que la « perte de conscience » permet au chirurgien de travailler en paix, et parce que cela nous évite de souffrir. Mon hypothèse est la suivante : ce que produisent les anesthésiques, en perturbant les propriétés des canaux ioniques dans la bicouche des membranes cellulaires, c'est une interruption aussi simple que radicale de la faculté de *sentir* que nous venons de décrire. Les anesthésiques ne prennent pas spécifiquement pour cible l'esprit : il ne peut plus y avoir d'esprit une fois que l'aptitude à sentir est bloquée. La cible des anesthésiques n'est pas non plus la conscience. En effet, comme nous allons le découvrir, la conscience est une sorte particulière d'état… d'esprit[2] : sans esprit, pas de conscience.

Une fois capables de conscience, ce dont nous devenons conscients, c'est du *contenu* de notre esprit. Les êtres possédant un esprit doué de sentiment et capable d'avoir quelques perspectives sur le monde environnant sont conscients. Ce n'est pas l'apanage des humains : c'est un trait largement répandu dans le règne animal. Tous les mammifères, les oiseaux et les poissons jouissent d'un esprit et d'une conscience, et je soupçonne que les insectes sociaux sont dans le même cas. Je fixe tout de même une limite au niveau des organismes unicellulaires plus simples. Alors comment font-ils pour se montrer aussi ingénieux ? Et bien, nous venons de voir que la bactérie la plus humble possède, pour mener sa vie, des compétences qui ne sont pas si humbles : Elles préfigurent ce qui permettra à terme le développement de l'esprit et même de la conscience. Mais les bactéries ne sont pas encore prêtes à franchir le pas qui leur permettrait d'accéder à ce que nous appelons l'esprit, et encore moins à l'esprit conscient.

3.

Les contenus de l'esprit

Retournez un esprit et renversez son contenu. Que trouvez-vous ? Des images et encore des images ; toutes les sortes d'images que les créatures complexes que nous sommes parviennent à créer et à combiner en un courant ininterrompu. Il s'agit de ce même « courant » qui a valu à William James l'immortalité et au mot conscience sa célébrité, les deux mots ayant été si souvent associés dans l'expression « courant de conscience ». Comme nous le verrons, au départ, ce courant est simplement fait d'images dont le flux quasi continu constitue l'esprit. Bien entendu, avant que l'esprit devienne conscient, il faut ajouter des ingrédients supplémentaires.

La perception des objets et des actions dans le monde extérieur à nous-mêmes se transforme en images grâce à la vue, à l'ouïe, au toucher, à l'odorat et au goût. Ces perceptions dominent nos états mentaux – du moins, en apparence. En réalité, une bonne partie des images qui existent dans notre esprit ne proviennent pas de la perception par le cerveau du monde *extérieur* à nous : elles sont au contraire le fruit de la relation qu'entretient le cerveau avec le monde *à l'intérieur* de notre corps, relation faite de connivence et de mélanges. Un exemple : la douleur qu'on s'inflige en donnant par inadvertance un coup de marteau sur le doigt au lieu du clou. Ces images complexes peuvent également dominer nos opérations mentales quand elles sont incorporées dans le flux mental.

Les images de l'intérieur sont atypiques à plus d'un titre. Les dispositifs qui engendrent ces images ne se contentent pas de dépeindre notre intérieur et nos viscères : ils y sont accrochés, connectés à leur chimie par une interaction intime à double sens. Ces dispositifs produisent des *hybrides :* les sentiments. Un esprit normal est fait d'images : images de l'extérieur – conventionnelles ou brutes – et de l'intérieur : *spéciales et hybrides.*

Mais il y a d'autres images à traiter. Lorsque nous rappelons à la mémoire les souvenirs que nous nous sommes fabriqués – d'objets ou d'actions – et que nous recréons les sentiments qui les accompagnaient, tous ces souvenirs et ces recréations nous parviennent aussi sous la forme d'images. Créer des souvenirs consiste en grande partie à enregistrer des images sous une forme codée de sorte qu'à la fin on puisse en retrouver quelque chose de proche de l'original. Et que dire de nos manières de traduire les objets, les actions et les sentiments dans des langues qui nous sont familières – des langues verbales, le plus souvent, mais il y a aussi le langage des mathématiques et la musique. Ces traductions nous parviennent, elles aussi, sous la forme d'images.

Lorsque nous relions et associons des images dans notre esprit, lorsque nous les transformons au sein de notre imagination créatrice, nous produisons de nouvelles images qui sont autant d'idées, concrètes ou abstraites ; nous produisons des symboles ; et nous confions à la mémoire une bonne partie de tout ce produit d'images. Ce faisant, nous enrichissons l'archive d'où nous tirerons en abondance de futurs contenus mentaux.

4.

L'INTELLIGENCE SANS ESPRIT

L'intelligence sans esprit précède celles qui s'appuient sur l'esprit, et ce de quelques milliards d'années. Elle se dissimule dans les tréfonds de la biologie ; il serait plus juste de parler d'intelligence « obscure » tant elle est bien cachée derrière les rouages des voies moléculaires qui accomplissent des tâches intelligentes pour les organismes vivants, et peuvent venir en aide à des vecteurs non vivants comme les virus pour accomplir leur mission.

L'intelligence sans esprit se manifeste de mille et une manières, dans les réflexes, les habitudes, les comportements émotionnels, ainsi que dans la compétition et la coopération entre les organismes. Gardons à l'esprit l'absence d'esprit : son répertoire est vaste. Et si nous, humains, nous pouvons nous targuer de posséder un *esprit*, n'oublions pas que nous bénéficions également de mécanismes issus de l'intelligence sans esprit, qui nous aident à toute heure du jour et de la nuit.

5.

La fabrication des images mentales

Où et comment naissent les images ? On les doit à la perception. Il est plus facile de traiter de la perception en commençant par se pencher d'abord sur le monde qui entoure notre organisme. Les schémas (*pattern*) d'activité neurologique qui correspondent à notre environnement sont concoctés d'abord par nos organes sensoriels : les yeux, les oreilles ou les corpuscules tactiles de notre peau. Les organes sensoriels travaillent avec le système nerveux central, où des noyaux situés notamment dans la moelle épinière et le tronc cérébral assemblent les signaux collectés par les organes sensoriels. Finalement, après quelques étapes supplémentaires, les cortex cérébraux reçoivent et organisent les signaux de perception. Grâce aux découvertes de chercheurs tels que David Hubel et Torsten Wiesel, nous savons que ce dispositif permet de produire des cartes des objets et de leur territoire, dans différentes modalités sensorielles : la vue, l'audition, le toucher, par exemple. Ces cartes sont la base des images que nous éprouvons mentalement[1]. Nous construisons des cartes lorsque les cellules nerveuses (les neurones) s'activent selon certains schémas, sous l'effet de signaux entrants provenant d'appareils sensoriels comme les yeux ou les oreilles, au sein de plusieurs régions des cortex cérébraux dans les systèmes visuels, auditifs et tactiles. L'abondance de détails et la valeur pratique des matériaux que contiennent ces images expliquent pourquoi elles tendent à s'imposer à notre présent psychologique dans la plupart des circonstances courantes. Il y a une relation étroite entre ce qui est cartographié et les images que nous formons. Une cartographie précise est essentielle : l'imprécision peut coûter cher. Une carte imprécise peut vous conduire à une fausse interprétation ou, pire, vous pousser à un faux mouvement.

Les lecteurs attentifs ont noté que je n'ai pas parlé de la fabrication de cartes et d'images liées au goût et à l'odorat, qui sont pourtant des canaux sensoriels importants ; et que je n'ai pas mentionné la fabrication de cartes et d'images de l'intérieur, une étape importante dans la fabrication des sentiments[2].

Les arrangements qui produisent les odeurs et les goûts obéissent à la logique générale des trois sens principaux, mais exploitent leur propre mélange de chimie et d'assemblage de schémas. Ils présentent des traits issus aussi bien de l'intelligence cachée que de l'intelligence manifeste ; il est peut-être préférable de les considérer comme une transition de l'une vers l'autre.

Les sentiments, eux, sont des processus tout à fait hybrides, comme nous le verrons en abordant la question de l'affect. Ils reposent sur les caractéristiques spécifiques de l'intéroception, le processus qui ouvre notre monde intérieur à l'inspection sensorielle et, finalement, mentale.

Les sentiments fournissent des informations sur la « qualité » des choses ou des états – bons ou pas trop bons – ainsi que sur la « quantité » de cette qualité – vraiment terrible, ou bien pas trop grave. La précision n'est pas en option, et il arrive que les informations fournies par les sentiments soient intentionnellement incorrectes, du fait de la conception même du système. C'est ce qui se passe, par exemple, lorsque des opiacés produits en interne réduisent la douleur aiguë d'une blessure sans l'intervention de votre médecin ou d'un quelconque médicament.

6.

Transformer l'activité neurologique en mouvement et en esprit

Le processus par lequel une décharge neuronale engendre un mouvement n'est plus un mystère. D'abord, le phénomène bioélectrique de la décharge neuronale déclenche un autre processus bioélectrique dans les cellules musculaires ; puis ce processus produit une contraction musculaire ; enfin, cette contraction provoque un mouvement – dans les muscles eux-mêmes et dans les os afférents[1].

La manière dont un processus chimique et électrique conduit à des états mentaux est globalement du même ordre, mais elle est beaucoup moins claire. L'activité neuronale liée aux états mentaux est distribuée spatialement sur plusieurs réseaux de neurones et constitue naturellement des *schémas* (*patterns*). Exemples les plus évidents : l'exploration sensorielle par la vue, l'ouïe, le toucher, sans compter celle qui est tournée vers l'activité de notre intérieur et de nos viscères. Les schémas correspondent, en termes d'espace, aux objets, aux actions ou aux qualités qui déclenchent l'activité neuronale. Ils donnent une figuration spatiale des objets et des actions, mais tiennent compte aussi du temps requis par le déroulement de l'action. L'activité neuronale réalise une cartographie exhaustive des objets cibles et de leurs actions. Ces « cartes schématiques » sont esquissées à la volée, en fonction des détails physiques des objets et des actions présents dans le monde qui entoure notre système nerveux – et plus précisément dans le monde que certaines de nos sondes sensorielles (yeux, oreilles) peuvent explorer. Les « images » qui constituent notre esprit sont le produit d'une activité neuronale bien organisée, qui transmet les schémas de ce type au cerveau. Autrement dit, les « cartes schématiques » neurobiologiques deviennent les « événements mentaux » que nous appelons images. Lorsque ces événements s'inscrivent dans un contexte incluant des sentiments et une perspective de soi (*self-perspective*), et seulement dans ce cas, ils deviennent des expériences mentales ; ils deviennent *conscients.*

Certains verront cette « conversion-transformation » comme un processus magique, d'autres comme un phénomène très naturel. Je penche pour cette dernière hypothèse, même si le processus n'a pas été entièrement expliqué et que tous les détails sont loin d'être limpides. Comme nous allons le voir, la « physique de l'esprit » conserve plus d'une zone d'ombre à éclairer. Cette « incomplétude » n'a rien à voir avec le fameux « problème difficile » de la conscience. Elle est simplement liée à la *trame* profonde de l'esprit, à la *tessiture* qui sous-tend les cartes et les images. La physique classique est peut-être incapable d'en donner une explication complète. À quel point cette incomplétude se révélera-t-elle dure ou douce ? L'avenir nous le dira.

7.

La fabrique de l'esprit

Nous savons que notre esprit est constitué de convois d'images de toutes sortes, qui se succèdent dans le temps : certaines nous donnent la vue et le son ; d'autres sont des fragments de sentiments. Nous savons également que les images dominantes se présentent généralement comme un « schéma » (*pattern*) : un motif géométrique et spatial où les éléments sont disposés en deux dimensions ou plus. Cette spatialité est au cœur de ce qu'est un esprit. C'est à elle que l'on doit le caractère *explicite* des composants mentaux, l'exact opposé des compétences non explicites qui assistent, très intelligemment, les organismes vivants privés de système nerveux, et qui rendent aussi plus d'un service aux organismes complexes comme les nôtres. Les compétences non explicites sont incroyablement efficaces, mais leurs rouages demeurent inaccessibles à l'inspection mentale. Par exemple, l'ARN peut être retranscrit avec précision dans des chaînes d'acides aminés et peut même bénéficier de mécanismes de correction d'erreur. Pourtant, nous ne pouvons pas inspecter « mentalement » le processus de transcription. La science en a révélé les détails, mais sans son aide il reste caché à la vue.

Où peut-on trouver les schémas d'images explicites ? Si l'on en croit les grands travaux de la neuroanatomie et de la neurophysiologie, ces schémas reposent sur des « cartes dynamiques » produites à haute vitesse dans les cortex cérébraux des différents systèmes sensoriels, dont les cortex d'association, ainsi que dans les structures sous-corticales telles que les colliculi ou les ganglions géniculés. Les « schémas » (*patterns*) qui s'organisent dans toutes ces structures correspondent aux objets, aux actions et aux relations présents et actifs à l'extérieur du système nerveux. Pour expliquer l'origine des schémas, on peut considérer que nos sondes sensorielles, comme la rétine ou la cochlée, analysent les objets et les relations et en donnent une « imitation » ou une « figuration » au sein des réseaux de neurones, où ils sont tracés dans un espace coordonné – un processus qui respecte les séquences en temps réel pour les objets en mouvement. La neuroanatomie de ces structures en forme de grille est idéale : elle permet d'activer les neurones selon des schémas (*patterns*), de sorte que des motifs divers de dimensions variées peuvent être « activés » rapidement et effacés tout aussi vite.

Étant donné la variété des zones corticales disponibles dans chaque canal sensoriel, il serait bon de savoir où exactement ces images sont assemblées et éprouvées. S'agit-il du cortex cérébral primaire, et si oui de quelle(s) couche(s) ? Les images naissent-elles plutôt dans plusieurs régions corticales ? L'image réelle que nous éprouvons mentalement serait alors un objet composite, résultant de plusieurs schémas *patterns* assemblés simultanément.

Il n'y a pas de réponse définitive quant à l'emplacement des images. Il est clair qu'elles sont fabriquées à différents endroits, à différents moments, avec différents grains. Par ailleurs, la question de l'emplacement est liée à une autre interrogation : quel mécanisme supplémentaire permet aux images de *devenir* conscientes ? Nous nous pencherons sur ce problème en abordant les sentiments : ils apportent une contribution indispensable au processus qui rend les images conscientes.

Évoquons une autre question, peut-être plus énigmatique encore : celle de la trame profonde de l'esprit, de la *tessiture* que nous évoquions plus haut. Nous aurions parfaitement raison d'affirmer que les processus de l'esprit s'appuient sur des événements bioélectriques dans les circuits neuronaux. Mais pouvons-nous examiner ce sur quoi se *fonde* cette affirmation ? Il serait utile, pour ce faire, d'explorer la structure physique et la dynamique des tissus nerveux et des environnements non nerveux auxquels ils sont intégrés. Les travaux du physicien Roger Penrose, du biologiste Stuart Hameroff et de l'informaticien Hartmut Neven indiquent que les processus de niveau quantique qui se déroulent à l'intérieur des cellules, et plus spécifiquement des neurones, jouent un rôle important dans le monde des états mentaux[1].

De récentes découvertes biologiques vont dans leur sens : selon ces travaux, des événements infra-moléculaires de niveau quantique joueraient un rôle déterminant dans des processus biologiques complexes comme la photosynthèse. Cela vaudrait également pour le sonar, l'écholocalisation et la détermination du nord magnétique chez les oiseaux, qui sont tous des phénomènes « liés à l'esprit ».

Soulignons que les considérations exposées ci-dessus s'appliquent selon moi à la fabrication de l'esprit, et de l'esprit seulement. Comme nous le verrons au fil des prochains chapitres, il n'est *pas* nécessaire de recourir au niveau subatomique pour expliquer la conscience – expliquer comment un esprit peut devenir conscient. La conscience est un phénomène qui relève du niveau des systèmes. Elle suppose de réarranger ce qui meuble l'esprit, mais non de fabriquer de nouvelles pièces individuelles.

8.

L'ESPRIT DES PLANTES ET LA SAGESSE DU PRINCE CHARLES

Difficile de ne pas apprécier une personne qui parle aux plantes, comme le fait – dit-on – le prince Charles. Parler aux plantes implique non seulement de reconnaître une valeur à des formes de vie non humaines, mais aussi de respecter l'idée selon laquelle de bons traitements, concrets ou sous la forme plus poétique de mots gentils, améliorent la vie d'organismes non humains. Une idée charmante.

J'ignore si le prince Charles s'y connaît en botanique, ou en biologie en général – mais il a bien raison d'aimer les plantes. Il est en bonne compagnie : la compagnie de Claude Bernard en personne, que nous venons de rencontrer. Claude Bernard a découvert l'effet des anesthésiques dans la vie des plantes. À la fin du XIXe siècle, il a compris l'importance de la régulation du vivant et montré qu'elle était nécessaire pour maintenir les équilibres physico-chimiques internes de tout être vivant – ce qu'il a appelé le « milieu intérieur ». La vie des plantes a inspiré une partie de ses écrits, et on peut facilement l'imaginer aussi en train de leur parler – même s'il n'est pas nécessaire d'aller jusque-là. Il suffit de reconnaître que si le terme « homéostasie » n'est apparu que quelques décennies plus tard (sous la plume du chercheur américain Walter Cannon), l'admirable Claude Bernard, dans son discret laboratoire parisien, est le premier à avoir décrit le phénomène homéostatique et à avoir compris son importance[1].

Pourquoi Claude Bernard s'intéressait-il tant aux plantes ? Parce qu'il voyait en elles des créatures vivantes composées de nombreuses cellules et de plusieurs types de tissus ; des créatures capables de gérer avec succès des organismes multisystémiques complexes malgré leur prison de cellulose, malgré l'absence de muscles et donc l'incapacité de produire des mouvements *évidents*. Il voyait qu'elles étaient capables d'effectuer de nombreux mouvements *non flagrants discrets* à l'aide de leur impressionnant réseau de racines. Et ces racines, combien elles paraissaient et paraissent posséder des capacités cognitives, poussant lentement mais sûrement sous terre vers les zones les plus riches en eau et en nutriments…

Claude Bernard a également compris que l'eau pouvait être hissée au-dessus du sol, vers les extrémités bien exposées des plantes, vers leurs feuilles et vers leurs fleurs, grâce à un système efficace de circulation hydraulique. Il a constaté que des organismes multicellulaires et multisystème avaient trouvé une solution brillante pour produire du mouvement : elles juxtaposent de nouveaux éléments cellulaires, l'un contre l'autre, et « bougent » ainsi l'extrémité d'un membre en allongeant le membre entier. C'est ce que font les plantes lorsque leur système racinaire se courbe et pousse dans une direction donnée, vers un endroit riche en molécules d'eau. Il arrive que certaines plantes bougent à l'aide d'un système comparable à un muscle, comme la dionée attrape-mouche, mais il s'agit là d'exceptions.

Claude Bernard n'aurait pas été étonné d'apprendre ce que nous avons découvert depuis son époque :

que les racines des arbres de la forêt forment de vastes réseaux qui contribuent à une homéostasie collective[2].

Les plantes réalisent toutes ces merveilles sans système nerveux, en faisant un abondant usage de leur faculté de sentir et de leur intelligence dépourvue d'esprit. D'ailleurs, pourquoi s'encombrer d'un esprit lorsqu'on peut accomplir tant de choses sans lui ? Claude Bernard avait donc bien raison d'admirer cette famille d'organismes vivants et d'étudier la manière dont ils se soumettent aux impératifs homéostatiques ; et le prince Charles a bien raison de les honorer de ses monologues.

9.

DES ALGORITHMES DANS LA CUISINE

Lorsqu'on entend parler des algorithmes, c'est souvent avec révérence, avec le respect qui revient aux innovations scientifiques et techniques qui ont changé notre quotidien. Cette révérence et ce respect sont bien mérités – mais il convient de comprendre la nature des algorithmes et d'être conscient de leurs limites, notamment lorsque nous les comparons à des images. Il serait plus judicieux de les comparer à des recettes – comme celles de l'escalope viennoise, ou, comme l'a suggéré Michel Serres, celle de la tarte Tatin[1]. Les recettes sont utiles, bien sûr, mais elles ne se confondent pas avec ce qu'elles sont supposées vous permettre d'obtenir. Impossible de goûter une recette d'escalope ; une recette de tarte Tatin n'a aucune saveur. Grâce à notre esprit, nous pouvons *anticiper* le goût, et saliver d'avance, mais la recette à elle seule ne nous permet pas de déguster un mets inexistant. Ceux qui rêvent de « télécharger leur esprit » dans une machine pour devenir immortels devraient comprendre que leur aventure – sans cerveau vivant dans un corps vivant – se résumerait à transférer des *recettes* vers un ordinateur : des recettes, rien que des recettes. Poussons l'argument jusqu'à sa conclusion : ils n'auraient ainsi jamais accès au goût et aux odeurs de la véritable cuisine, des véritables mets.

Je n'ai rien contre les algorithmes. Comment pourrais-je les critiquer, moi qui ai chanté les louanges des intelligences obscures et des codes qui les animent ?

PARTIE III

DES SENTIMENTS

1.

À L'ORIGINE DES SENTIMENTS : PLANTER LE DÉCOR

Comment les sentiments sont-ils entrés dans l'histoire de l'évolution ? Ils sont sans doute nés au sein d'un organisme, sous la forme d'une timide conversation entre la chimie du vivant et une version primitive d'un système nerveux. Chez des créatures beaucoup moins complexes que l'être humain, l'échange a probablement engendré des sentiments tels que le bien-être élémentaire et l'inconfort de base, sans doute rien de plus nuancé – et certainement pas de sentiments aussi élaborés que la douleur localisée. Et pourtant, quel pas de géant ! Ces timides commencements ont donné à chaque créature une orientation ; un subtil conseiller suggérant quoi faire ou ne pas faire, et où aller. Une innovation des plus précieuses venait de faire son entrée dans l'histoire du vivant : *un équivalent mental de l'organisme physique*[1].

2.

L'AFFECT

Les affects les plus élémentaires surgissent à l'intérieur des organismes vivants. Ils naissent vagues et diffus, engendrant des sentiments difficiles à décrire et à situer. On pourrait les qualifier de « sentiments primordiaux[1] ». Les « sentiments évolués », eux, font naître des images claires et sans équivoque des objets qui meublent notre « intérieur » – les viscères : cœur, poumons et intestins – ainsi que leurs actions – pulsations, respiration, contraction. Parfois, ces images se focalisent sur un point précis – face à une douleur localisée, par exemple. Mais attention : qu'ils soient vagues, approximatifs ou particulièrement précis, les sentiments sont des *informations* : ils véhiculent d'importantes connaissances et les implantent fermement dans le flux de conscience. Mes muscles sont-ils tendus ou détendus ? Mon estomac est-il plein ou vide ? Mon cœur bat-il comme un métronome ou a-t-il des battements irréguliers ? Ma respiration est-elle paisible ou laborieuse ? Est-ce que mon épaule me fait mal ? Nous qui avons le privilège d'éprouver des sentiments, nous pouvons répondre à ces questions. Ces informations sont précieuses : elles nous permettent d'orienter notre vie en conséquence. Mais comment nous viennent-elles ? Que se passe-t-il lorsqu'on « éprouve des sentiments » et en quoi est-ce différent de simplement « percevoir » des objets dans le monde ? Qu'est-ce qui est requis pour avoir des sentiments, à la différence des perceptions ?

Tout d'abord, *tous les sentiments que nous éprouvons correspondent à des états de notre monde intérieur.* Nous ne « ressentons » ni le paysage qui nous entoure ni ce qui le meuble. Nous pouvons les percevoir et nos perceptions peuvent être à l'origine de réactions émotionnelles, qui engendrent les sentiments correspondants. Nous pouvons *éprouver* ces « sentiments émotionnels », nous pouvons même leur donner des noms : un *joli* paysage, une chaise *confortable.*

Ce que nous éprouvons « vraiment », au sens propre, c'est l'état des différentes régions de notre organisme, instant après instant. Fonctionnent-elles en douceur et sans accroc, ou sont-elles laborieuses ? Ces sentiments sont homéostatiques : ils sont nos informateurs directs et nous disent si l'organisme fonctionne ou non selon les besoins homéostatiques, c'est-à-dire d'une manière propice à la vie et à son maintien.

Les sentiments doivent leur existence au fait que le système nerveux est en contact direct avec notre intérieur – et *vice versa*. Le système nerveux « touche » littéralement l'intérieur de l'organisme, tout son intérieur, *et* il est « touché » en retour. Que l'intérieur soit nu face au système nerveux, que celui-ci y ait un accès direct, c'est ce qui fait de l'intéroception un processus si unique. « Intéroception » est le terme technique désignant notre perception de notre intérieur viscéral. L'intéroception est un mécanisme distinct de la perception de notre système musculo-squelettique, la *proprioception*, et de la perception du monde extérieur, l'*extéroception*. Bien entendu nous pouvons décrire nos sentiments avec des mots, mais nous n'avons pas besoin de la médiation des mots pour ressentir[2].

Les sentiments qui sont élaborés dans l'organisme et éprouvés dans l'esprit nous bousculent, nous tiraillent, nous *dérangent* littéralement, en bien ou en mal. Reste à savoir comment – et pourquoi. La première raison est claire : ils sont dans la place : ils ont accès à notre *intérieur*. La machinerie neuronale qui nous aide à « fabriquer un sentiment » interagit directement avec l'objet qui a engendré ce sentiment. Prenons l'exemple de signaux de douleur qui partent d'une capsule rénale malade, remontent jusqu'au système nerveux central et fusionnent pour donner une « colique néphrétique ». Le processus ne s'arrête pas là. Le système nerveux central renvoie une réponse à la capsule rénale malade et module la poursuite de la douleur ; il peut même l'interrompre. Si d'autres événements surviennent dans la même région (une inflammation locale, par exemple), ils engendrent leurs propres signaux et viennent s'ajouter à l'expérience consciente. La situation globale réclame notre attention et notre implication.

L'exemple de la colique néphrétique nous permet d'illustrer le fait que les sentiments sont assemblés par une physiologie distincte de celle que l'organisme mobilise pour la vue et l'audition. Les sentiments n'identifient pas des éléments extérieurs particuliers

– une forme, un son – de façon précise et stable : en général ils correspondent plutôt à une gamme de possibilités. Ils décrivent certaines *qualités* prises dans une gamme et leurs *variations* en termes de tonalité et d'intensité. Autrement dit, les sentiments ne se contentent pas de prendre des instantanés des objets et des événements extérieurs : ils enregistrent l'intégralité du spectacle et de ce qui se passe en coulisse ; pas simplement la surface, mais aussi ce qui est en dessous.

Les sentiments sont des *perceptions interactives.* Comparés aux perceptions visuelles, l'exemple canonique en la matière, les sentiments sont *non conventionnels.* Ils recueillent leurs signaux « à l'intérieur de l'organisme », voire « à l'intérieur des objets situés dans ce monde intérieur », et non pas simplement autour de l'organisme. Les sentiments décrivent des actions survenues dans notre intérieur, ainsi que leurs conséquences – et nous permettent d'entrevoir la part viscérale impliquée dans ces événements. Pas étonnant que les sentiments exercent sur nous un pouvoir particulier.

Le fonctionnement des organes et des systèmes intérieurs est représenté de façon graduelle dans le système nerveux, tout d'abord dans ses composants nerveux périphériques, puis dans les noyaux du système nerveux central (dans le tronc cérébral, par exemple), et plus tard dans le cortex cérébral. On observe toutefois une coopération intense entre les régions du corps et les éléments neuraux. Le corps et le système nerveux sont des partenaires interactifs ; il ne s'agit pas d'un rapport figé entre le « modèle » et sa « représentation ». Ce qui est finalement figuré n'est ni purement neuronal, ni purement corporel. C'est le résultat d'un dialogue, d'un échange dynamique entre la chimie du corps et l'activité bioélectrique des neurones. Et pour compliquer le tout, une réponse émotionnelle telle que la peur ou la joie peut imposer à tout moment des changements au niveau des viscères – qui sont les principaux acteurs corporels du processus émotionnel – et engendrer ainsi un nouvel ensemble d'états viscéraux et de partenariats corps-cerveau. Ce type de réponses émotionnelles change l'organisme – et modifie par conséquent ce qui sera figuré *via* le partenariat corps-cerveau. Il en résulte un nouvel ensemble de sentiments – désormais en partie « émotionnels » et non purement « homéostatiques » – et un nouvel état affectif. Lorsque ces dynamiques durent, elles font émerger ce que nous appelons l'« humeur ». Elles sont à l'origine de l'« enthousiasme » ou de la « lassitude » que nous pouvons ressentir au quotidien. Il en va de même pour les différents degrés d'excitation et de torpeur.

Les définitions suivantes devraient expliciter ces descriptions :

Homéostasie : le processus qui maintient les paramètres physiologiques d'un organisme vivant (température, pH, niveaux de nutriments, fonctionnement des viscères, etc.) dans la fourchette la plus propice à son fonctionnement optimal et à sa survie. (Le terme « allostasie » est proche, mais bien distinct : il fait référence aux mécanismes que l'organisme utilise lorsqu'il cherche à rétablir l'homéostasie[3].)

Émotions : ensembles d'actions internes involontaires et concomitantes (contractions des muscles lisses, changements du rythme cardiaque, de la respiration, des sécrétions hormonales, des expressions faciales, de la posture, etc.) déclenchées par des événements perceptifs. Les actions émotionnelles visent en général à soutenir l'homéostasie, pour faire face à une menace (par la peur ou la colère), signaler une réussite (*via* la joie), etc. Nous pouvons également produire des émotions lorsque nous nous remémorons des souvenirs.

Sentiments : les expériences mentales qui suivent et accompagnent divers états de l'homéostasie au sein de l'organisme. Ils peuvent être primaires (*sentiments homéostatiques* : la faim et la soif, la douleur et le plaisir) ou provoqués par des émotions (*sentiments émotionnels* : la peur, la colère, la joie, etc.)[4].

Quel que soit le contenu « précis » de l'esprit (les paysages, le décor, les sons, les idées), il ne peut être éprouvé *qu'accompagné d'affect.* Tout ce que nous percevons, tout ce dont nous pouvons nous souvenir, tout ce que nous essayons de comprendre en raisonnant, tout ce que nous inventons ou désirons communiquer, tout ce que nous entreprenons de faire, tout ce que nous pouvons apprendre et mobiliser, notre univers mental façonné par des objets, des actions et des abstractions – l'*ensemble* de ces différents processus *peut engendrer des réponses affectives lorsqu'ils se déploient.* L'affect est l'univers de nos idées, transmué en sentiments. On peut également penser les sentiments en termes musicaux : ils sont en quelque sorte la partition musicale qui accompagne nos pensées et nos actions.

Les contenus « précis » de l'esprit qui ne relèvent pas du sentiment suivent leur cours avec distinction ; leur silhouette se découpe sur le processus de l'affect, telles des figurines s'agitant devant un décor animé. Mais ces contenus précis interagissent souvent avec l'affect. À tout moment, un ou plusieurs acteurs de la troupe des « contenus précis » peuvent voler la vedette et modifier la nature du spectacle en provoquant de nouvelles émotions et en produisant les sentiments correspondants. Suivront alors, en bon ordre, quelques variations intéressantes sur la partition musicale en cours d'improvisation. Et l'inverse est également vrai – si fascinant que cela puisse paraître. L'affect peut nous pousser à considérer les « contenus précis » sous un nouveau jour : il peut ainsi modifier le « temps de scène » des images que nous avons à l'esprit, déterminer leur degré de netteté, etc. Le contenu précis, d'une part, et l'affect, d'autre part, se distinguent par leur mode de construction au sein de l'organisme, et ils sont pleinement interactifs. L'affect nous a fait don d'un grand désordre et d'une grande richesse intérieure. Célébrons cette richesse ; célébrons ce désordre.

3.

Efficacité biologique et origine des sentiments

La notion d'efficacité ressemble à une invention humaine visant à décrire le monde moderne, mais elle s'applique parfaitement et simplement au vivant, notamment aux êtres vivant sur terre il y a plusieurs milliards d'années – et à leur consommation énergétique bien réglée. L'efficacité était alors régie par l'homéostasie, et perfectionnée par la sélection naturelle. Relier le degré de respect de l'homéostasie et une consommation énergétique plus ou moins élevée n'est pas une innovation récente : c'est au contraire une vieille astuce du vivant. Les bactéries se sont montrées très douées pour exploiter cette efficacité, tout comme beaucoup d'autres espèces dépourvues d'esprit, mais prospères, entre les bactéries et l'humain. Il est donc vraiment remarquable que les sentiments soient devenus, au fil de l'histoire naturelle, le guide à temps partiel de la bonne gouvernance. Comment expliquer un tel phénomène ? Tout a sans doute commencé lorsque l'efficacité et la survie se sont trouvées alignées sur certains paramètres physiques et chimiques, tandis que le dysfonctionnement et la mort s'alignaient sur d'autres paramètres. Faut-il en conclure que la « forme du bien » théorisée par Platon est présente dans la physique qui sous-tend la vie et l'épanouissement ? Presque certainement[1]. Mais selon moi, l'expansion et la promotion d'un choix – les arrangements favorisant la vie – au détriment d'un autre – la douleur et la souffrance – se sont produites grâce aux sentiments, ce qui signifie en fait grâce à la conscience. *Tous* les sentiments sont conscients, et s'il est vrai que les sentiments désagréables signalent des situations qui gênent et menacent la vie, il faut également souligner que les sentiments agréables signalent celles qui favorisent son épanouissement. Sans les sentiments/la conscience, les mécanismes alignés sur l'épanouissement n'auraient pas été favorisés aussi massivement. La présence de la conscience a radicalement changé les choses. Seul un démon aurait pu altérer la préférence que les sentiments conscients désignaient si clairement.

L'alignement de l'homéostasie, de l'efficacité et du bien-être (sous différentes formes) a été scellé dans les cieux, dans le langage des sentiments ; la sélection naturelle a assuré sa popularité. Les systèmes nerveux officiaient.

4.

LE FONDEMENT DES SENTIMENTS I

Les sentiments qu'éprouvent les humains n'ont pu apparaître pour de bon qu'après que l'évolution a conduit au développement de systèmes nerveux complexes capables de créer des cartes et des images sensorielles détaillées. Les sentiments primordiaux qui en sont issus furent un tremplin déterminant, ouvrant la voie aux sentiments complexes que nous connaissons aujourd'hui.

Les cartes et les images sensorielles qui font partie des sentiments complexes incorporent au flux mental des informations sur l'état de l'intérieur de notre organisme. Ce rôle d'information est l'un des principaux apports des sentiments, mais ils en ont encore un autre : les sentiments nous poussent et nous incitent à agir en fonction de l'information qu'ils portent, de la manière la plus adaptée à la situation, qu'il s'agisse de courir se mettre à l'abri ou de serrer dans nos bras la personne qui nous a manqué.

5.

Le fondement des sentiments II

L'intérieur de l'organisme abrite une activité chimique spontanée. Son but : réguler le vivant en accord avec les exigences homéostatiques. Elle cherche naturellement à instaurer une gamme de fonctionnements compatible avec la survie et des équilibres énergétiques positifs – mais son degré de réussite varie en fonction de l'organisme et de la situation. Par conséquent, le profil de l'activité chimique au sein d'un organisme donné correspond à (et représente) le degré de succès ou d'échec dans la quête pour l'homéostasie et la survie. Ces profils constituent une évaluation naturelle du processus vital en cours.

Les sentiments s'invitent sur ce terrain parce qu'il existe une correspondance manifeste et réglée par des principes entre les différents « degrés » de réussite ou d'échec de la régulation vitale et les divers sentiments positifs et négatifs que nous éprouvons. La composante affective de notre vécu mental reflète les profils de nos processus biologiques.

La première source physiologique de sentiments est un profil chimique intégré de l'intérieur de l'organisme. Cette source, d'échelle moléculaire, a sans doute précédé l'apparition des systèmes nerveux dans l'évolution, ce qui ne veut pas dire que des organismes simples, dépourvus de systèmes nerveux, ont été (ou sont) capables d'avoir un vécu mental à commencer par le fait d'éprouver des sentiments. Les sentiments reflètent un processus de régulation chimique, condition *initiale* sans laquelle ils ne pourraient exister. Il existe toutefois une autre condition *sine qua non* : l'existence d'un dialogue entre la chimie corporelle et l'activité bioélectrique des neurones au sein d'un système nerveux. Les molécules chimiques de régulation déclenchent le processus des sentiments, mais elles ne peuvent le mener à bien seules.

6.

Le fondement des sentiments III

Il est peut-être temps d'amorcer notre plongée dans les profondeurs des sentiments, tel Orphée descendant aux Enfers. J'ai évoqué le fait que les sentiments proviennent des tréfonds de notre chimie organique – mais pouvons-nous déterminer où et comment ?

Les niveaux les plus profonds du processus des sentiments sont liés à la machinerie chimique qui gère la totalité de la régulation homéostatique *via* diverses voies. Sous les qualités et les intensités qui constituent les valorisations exprimées par les sentiments – leurs valences – se cachent des molécules, des récepteurs et des actions.

Le fonctionnement de cet orchestre chimique est assez extraordinaire. Des molécules spécifiques agissent sur des récepteurs spécifiques et provoquent des actions spécifiques. Ces actions prennent part à la difficile lutte pour le maintien de la vie. Elles sont importantes en elles-mêmes – mais la dynamique qu'elles alimentent l'est tout autant, puisqu'elle est chargée d'organiser la vie d'un organisme. Ce volet est facile à comprendre. Mais comment les actions qui découlent du travail des molécules et des récepteurs peuvent-elles nous aider à rendre compte, dans notre expérience subjective, des « élans » que les sentiments font naître en nous – sans parler de la « qualité » d'un sentiment ? Voilà qui est plus épineux.

Pour tenter de répondre à cette question, il faut tout d'abord souligner que si les percepts élémentaires d'objets ou d'actions dans le monde extérieur proviennent des sondes nerveuses situées à la périphérie de notre organisme, les sentiments naissent dans les profondeurs de notre intérieur – et pas nécessairement d'une seule région. Les cartes rétiniennes qui nous permettent de voir et les corpuscules cutanés qui nous permettent de toucher accomplissent des miracles de détection et de description, mais se tiennent à distance de notre vie. Ils ne sont pas directement impliqués dans les gloires et les déboires du maintien de la vie – contrairement aux sentiments.

Le véritable *objet* des sentiments ou de la perception n'est autre qu'une région de l'organisme lui-même, ce qui signifie que l'objet est situé *à l'intérieur du sujet ou de celui qui perçoit.* Incroyable ! Il ne se produit rien de semblable dans la perception externe – visuelle ou auditive, par exemple. Les objets des perceptions visuelles et auditives ne communiquent pas avec notre corps. Le paysage que nous voyons, les chansons que nous entendons ne sont *pas* en contact avec notre corps, et encore moins à l'intérieur de lui. Ils existent dans un espace physique séparé.

Dans le domaine des sentiments, la situation est radicalement différente. Parce qu'ils existent au sein du même organisme, l'objet et le sujet de nos sentiments/percepts peuvent interagir. Le système nerveux central peut modifier l'état corporel qui induit un sentiment particulier et, ce faisant, modifier ce qui est ressenti. *C'est là une configuration extraordinaire qui n'a pas d'équivalent dans le monde des perceptions externes.* On peut bien avoir envie de modifier l'objet qu'on est en train de voir, on peut même souhaiter embellir l'image qu'on a sous les yeux, mais il est impossible de le faire *réellement*, sinon dans l'imagination[1].

La perturbation physique qui caractérise les sentiments s'explique par le fait que des actions sont provoquées sans cesse à l'intérieur de notre corps, puis reflétées dans la cartographie neuronale détaillée et multiniveaux de ce même monde intérieur, qui est elle-même reliée à divers compartiments du corps et à ses actions. Ces cartographies sont la principale source de la « coloration » variée des sentiments. Elles engendrent les *valences* éprouvées par l'organisme – positives et négatives, plaisantes ou inconfortables, agréables ou désagréables.

Les actions qui surviennent au sein du corps sont très variées. Détente et relâchement des fibres musculaires ; contraction et étranglement d'un organe en particulier ; mouvement d'une partie interne ou d'un élément du squelette. Comme le montrent les cartes séquentielles, de plus en plus différenciées, les profils généraux de la détente et du relâchement contribuent aux sentiments que nous appelons « bien-être » et « plaisir » ; les schémas de contraction et d'étranglement produisent ce que nous qualifions d'« inconfort » et de « malaise ». Parfois, en réaction à la carte détaillée d'un muscle froissé ou d'une blessure, ce qui est produit est l'inconfort extrême que nous appelons « douleur ».

L'origine du plaisir et de la douleur ressentis par un organisme est profonde, au-delà des organes et des muscles. Ils naissent avec les molécules et les récepteurs, dont les actions transforment les tissus, les organes et les systèmes de l'organisme. Ils poursuivent leur chemin là où certaines de ces molécules agissent sur les réseaux neuronaux qui traitent les signaux produits par le corps.

7.

Le fondement des sentiments IV

Le système nerveux est *à l'intérieur* du corps ; le corps et le système nerveux interagissent directement. Nul besoin d'intermédiaire. Soulignons cependant que le système nerveux est *séparé* du monde extérieur à l'organisme, et qu'il le cartographie *via* des processus sensoriels tels que la vision et l'audition, qui sont fermement implantés dans le corps et l'utilisent comme intermédiaire.

Lorsque nous disons que nous « représentons » ou « cartographions » les objets du monde qui nous entoure, la notion de « cartographie » introduit, comme il se doit, une distance entre la « carte » et

« les choses cartographiées ». Il y a souvent un gouffre entre la carte et l'objet : je l'ai encore constaté il y a quelques minutes, en sortant sur ma terrasse pour regarder le soleil disparaître derrière les monts Santa Monica – et admirer le crépuscule rougeoyant.

Il faut faire preuve de prudence quand on utilise la notion de cartographie en parlant de notre propre corps et de la fabrication des sentiments, comme si la carte était un simple « reflet » ou une « image » de la structure et de l'état du corps, un simple exemple de percept détaché. Nos sentiments ne sont pas du tout détachés. En pratique, il y a peu de distance entre les sentiments et les choses ressenties. Les sentiments sont mêlés aux choses et aux événements que nous ressentons grâce à un dialogue croisé exceptionnel et intime qu'entretiennent les structures corporelles et le système nerveux. Cette intimité est elle-même le fruit des caractéristiques particulières du système chargé de transmettre les signaux du corps au système nerveux, c'est-à-dire le système intéroceptif[1].

L'intéroception se distingue tout d'abord par l'absence presque généralisée d'isolation par la myéline de la majorité des neurones intéroceptifs. Les neurones sont généralement composés d'un *corps cellulaire*

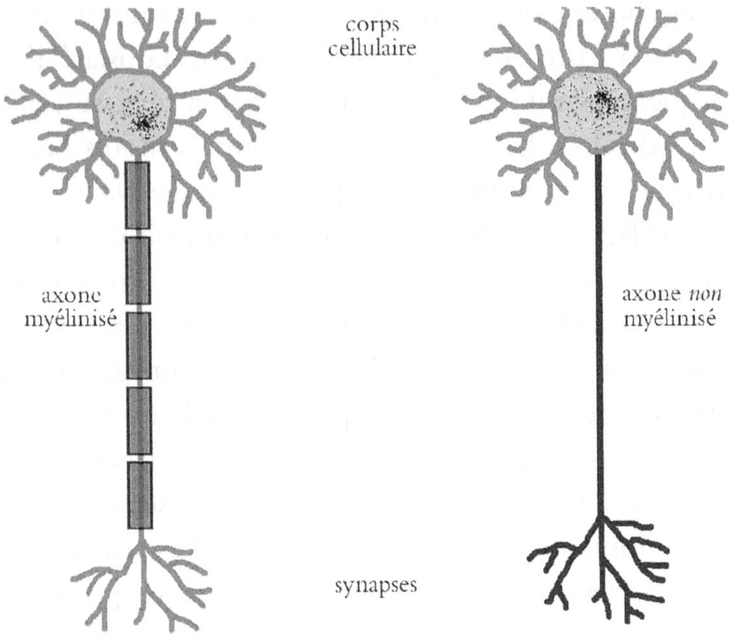

Figure III-1. Axone myélinisé et non myélinisé. Les axones non myélinisés ne sont pas isolés.

et d'un *axone* ; ce dernier est le « câble » qui mène à la *synapse.* La synapse à son tour entre en contact avec le neurone suivant et permet ou empêche son activation. Il y a donc soit une décharge neuronale, soit le silence.

La myéline permet d'isoler le câble de l'axone, ce qui empêche les contacts chimiques et bioélectriques

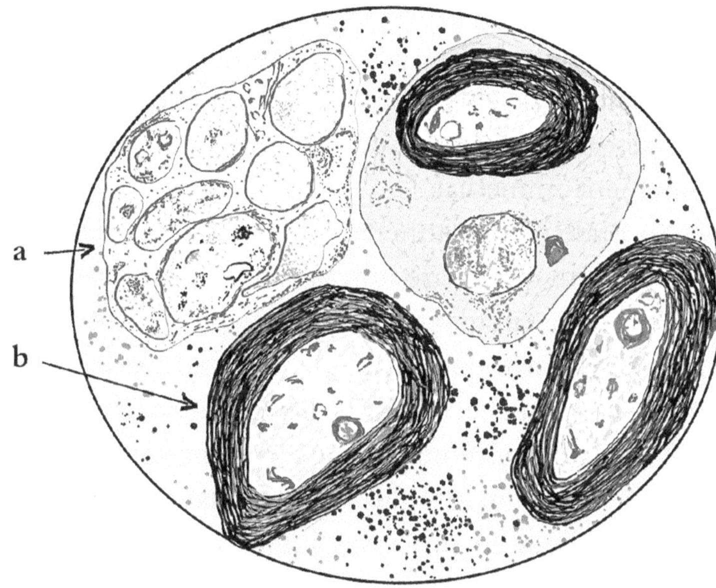

Figure III-2. Coupe transversale d'un nerf montrant des axones (a) non myélinisés et (b) myélinisés.

avec l'extérieur. En l'absence de myéline, les molécules qui entourent l'axone interagissent avec lui et altèrent son potentiel d'activation. Par ailleurs, d'autres neurones peuvent initier des contacts synaptiques le long de l'axone et non plus *via* la synapse du neurone : c'est ce qu'on appelle la communication non synaptique. Ces opérations sont *impures sur le plan neuronal* ;

elles ne sont pas vraiment séparées du corps qui les abrite. Lorsque les axones sont au contraire majoritairement protégés par la myéline, les neurones et leurs réseaux sont isolés des influences de leur environnement immédiat.

Seconde particularité de l'intéroception : l'absence de la barrière qui sépare normalement les affaires neuronales de la circulation sanguine, que l'on nomme « barrière hématoencéphalique » (quand on parle du système nerveux central) ou « hématonerveuse » (lorsqu'il s'agit du système nerveux périphérique). Cette absence est d'autant plus notable dans les régions cérébrales liées au processus intéroceptif, comme le ganglion spinal et les ganglions du tronc cérébral, où les molécules en circulation peuvent entrer en contact direct avec le corps cellulaire des neurones.

Ces particularités ont des conséquences remarquables. L'absence d'isolation myélinique et de barrière hématoencéphalique *permet aux signaux corporels d'interagir directement avec les signaux neuronaux.* L'intéroception ne peut en aucun cas être considérée comme une simple représentation perceptive du corps à l'intérieur du système nerveux. Il faut plutôt parler d'un vaste entrelacement de signaux.

8.

Le fondement des sentiments V

À ce stade, l'origine des sentiments devrait être plus claire. Ils naissent à l'intérieur de l'organisme, dans les profondeurs des viscères et des fluides, là où règne en maître la chimie responsable de la vie dans tous ses aspects. Je fais référence au fonctionnement des systèmes endocrinien, immunitaire et circulatoire, qui gèrent le métabolisme et la défense de l'organisme.

Qu'en est-il de la « fonction » des sentiments ? L'histoire des cultures et même l'histoire des sciences ont nimbé les sentiments d'une aura de mystère et d'hermétisme ; pourtant, la réponse est patente :

les sentiments facilitent la gestion de la vie. Soyons plus précis : les sentiments sont des sentinelles prêtes à donner l'alerte. *Ils informent l'esprit* (s'il est assez chanceux pour disposer de leurs services) *de l'état de la vie au sein de l'organisme auquel il appartient.* Par ailleurs, *les sentiments incitent l'esprit à agir en accord avec les signaux positifs ou négatifs de leurs messages.*

Les sentiments recueillent des informations sur l'état de la vie au sein de l'organisme. Les « qualités et intensités » qu'ils manifestent sont autant d'*évaluations* des processus de gestion de la vie. C'est l'expression directe du degré de réussite ou d'échec de l'entreprise du vivant au sein de notre corps. Rester en vie est une lutte acharnée, et le corps produit un effort complexe et multicentrique pour rendre la vie non seulement possible, mais possible de façon robuste. La robustesse de la vie produit un sentiment de « plénitude » et d'« épanouissement ». Un processus vital équilibré se traduit par un sentiment de « bien-être », tandis que l'« inconfort », le « malaise » et la « douleur » sont le signe d'une mauvaise gestion du vivant.

Le drame que les êtres vivants doivent affronter est lié au maintien de la cohérence et de la cohésion de leur organisme. La cohérence et la cohésion des objets inanimés qui m'entourent ne sont pas du tout un problème pour eux, ni pour moi. Ces objets sont faits pour durer, à moins que je ne décide de détruire à la hache le bureau, le fauteuil et la bibliothèque qui m'entourent. Ma vie et l'organisme qu'elle anime sont loin d'être aussi résistants. Je dois les nourrir à l'heure du repas, conserver mon corps dans un environnement tempéré, prévenir les maladies et les traiter lorsqu'elles se déclarent. Je dois même maintenir et développer des relations sociales saines avec les personnes qui m'entourent, de manière qu'aucun événement issu de ma vie sociale n'affecte mon état intérieur ou ne trouble le processus qui permettent de gouverner la vie en termes de besoins homéostatiques[1].

Les sentiments naissant à l'intérieur d'un organisme adaptable et dynamique, ils sont à la fois qualitatifs et quantitatifs. Ils présentent des *valences*, les évaluations qualitatives qui garantissent que leurs alertes et leurs conseils valent la peine d'être suivis, et qui motivent nos actions comme il convient. Lorsque j'éprouve des sentiments homéostatiques – qui reflètent une évaluation de mon intérieur quand certains profils physiologiques prédominent –, je suis informé directement de l'état de ma vie, et la valence positive ou négative de l'expérience me conseille de corriger la situation ou de l'accepter sans rien faire. Ils m'incitent à passer à l'action ou à profiter du voyage.

La situation est radicalement différente lorsque je regarde les objets qui m'entourent, lorsque j'entends les sons ambiants, lorsque je touche un objet ou que je vois d'autres organismes vivants. Dans ces cas de figure, je reçois également une information. Je continue d'être « informé » de la présence et des caractéristiques des objets et des organismes, mais désormais la source des données est le monde extérieur avec ses objets et ses créatures. Mes sens ne me parlent que d'extériorités, pas de l'intérieur des choses que je vois, que j'entends ou que je touche. Une distance de perception me sépare d'elles. Les choses ne sont pas *à l'intérieur de mon organisme.*

9.

Le fondement des sentiments VI

La faim et la soif sont des sentiments tout à fait transparents : ils nous signifient que nos sources d'énergie sont en baisse, ou que notre réserve de molécules d'eau s'éloigne de l'idéal. Heureusement, comme ces deux phénomènes menacent notre survie, sans parler de notre santé, les sentiments font plus que nous informer utilement : ils nous forcent à agir en conséquence de cette information. Ils motivent nos actions.

La trajectoire qui conduit aux sentiments est claire : une multitude de micromessages basiques transitent depuis les tissus et les organes soit vers la circulation sanguine et de là, vers le système nerveux, soit directement vers les terminaisons nerveuses intégrées dans les tissus et les organes. Lorsque les signaux parviennent au système nerveux central, dans la moelle épinière et le tronc cérébral, par exemple, ils se trouvent face à plusieurs routes possibles, menant à divers centres neuronaux où le processus des sentiments peut se poursuivre. La trajectoire complexe de ces signaux finit par produire des informations sous la forme d'images mentales. Ces images – bouche sèche, estomac qui gargouille, manque d'énergie caractérisé par un sentiment de faiblesse, par exemple – agissent comme des marqueurs de dysfonctionnement. Elles s'accompagnent d'inquiétude et d'inconfort – un état émotionnel – qui incitent à répondre sous la forme d'une action corrective.

Une grande partie des réponses que les sentiments nous suggèrent ou nous imposent sont réalisées de manière automatique, sans qu'il soit besoin de raisonner. Pour illustrer les exemples extrêmes que j'ai évoqués plus haut, on peut penser aux mécanismes de la respiration et de la miction. Une réduction ou une interruption du flux d'air, qui survient en cas d'asthme grave ou de pneumonie, s'accompagne automatiquement d'une terrible et littérale « soif d'air », qui produit de l'angoisse chez la personne affectée et chez ceux qui l'entourent. Moins dramatique, le besoin d'uriner résultant d'une vessie pleine peut même être tourné en dérision – c'est pourtant un autre exemple de crise homéostatique traduite, avec force, en termes émotionnels, et ressentie comme un désir impérieux et inévitable[1].

En un mot, la nature nous a donné à la fois les alarmes incendie, les camions de pompiers et les hôpitaux. La récente découverte de dispositifs de contrôle de la réponse immunitaire situés au sein du système nerveux central montre que la nature a continué de perfectionner cette stratégie. Ces dispositifs se trouvent dans le diencéphale, un secteur du système nerveux central situé en dessous du cortex cérébral, et au-dessus du tronc cérébral et de la moelle épinière. La région chargée du contrôle immunitaire est l'hypothalamus, le fameux chef d'orchestre du système endocrinien, qui gère la sécrétion de la plupart des hormones dans l'ensemble du corps. Les nouvelles découvertes montrent que l'hypothalamus peut ordonner à la rate de produire des anticorps pour contrer certains agents infectieux. Autrement dit, le système immunitaire favorise l'homéostasie avec la complicité du système nerveux, sans demander l'aide ou l'avis de l'humain qui l'abrite, et qui est censé avoir le contrôle conscient de son destin.

Autre point tout aussi mystérieux : le lien entre le haut lieu de la mécanique des sentiments – le cortex insulaire – et l'innervation de la muqueuse gastrique. Nous savons que les ulcères d'estomac sont directement provoqués par une bactérie bien précise – mais la régulation des émotions fait partie des facteurs qui déterminent si la bactérie pourra ou non provoquer un ulcère.

10.

Le fondement des sentiments VII

Lorsque nous nous demandons d'où viennent les sentiments homéostatiques, la première réponse – la plus raisonnable – serait d'affirmer qu'ils naissent dans des ensembles de molécules indiquant des états vitaux avantageux ou désavantageux en fonction de différents paramètres physiologiques comme l'équilibre énergétique positif ou négatif, la présence ou l'absence soit d'une inflammation, soit d'une infection, soit de réactions immunitaires, ou enfin l'harmonie ou la discorde qui entoure la réalisation des objectifs et des pulsions.

Les molécules en question proviennent d'une large gamme, qui comprend les opioïdes, la sérotonine, la dopamine, l'épinéphrine et la norépinéphrine, ainsi que la substance P : une bonne part de leur fonctionnement concerne ce domaine. Certaines de ces molécules, presque aussi anciennes que la vie elle-même, qui remplissent leur fonction dans beaucoup d'organismes *dépourvus* de système nerveux, ont été nommées « neurotransmetteurs », – un choix malheureux dû au fait qu'elles ont été décrites d'abord chez des êtres dotés d'un cerveau. Ces molécules ne cessent pas nécessairement de faire effet une fois libérées. Les modifications qu'elles imposent au fonctionnement des systèmes corporels peuvent ensuite être traduites en *signaux intéroceptifs*, destinés à influencer le système nerveux central et à modifier à nouveau notre vécu mental du moment. Ce processus est réalisé *via* les terminaisons nerveuses qui parsèment les tissus (peau, organes thoraciques et abdominaux, vaisseaux sanguins) et *via* la projection de ces terminaisons nerveuses dans le ganglion trigéminal, le ganglion spinal et la moelle épinière. Les neurones peuvent alors transmettre un signal aux noyaux du tronc cérébral (noyau parabrachial, substance grise périaqueducale), aux noyaux amygdaliens et aux noyaux du prosencéphale basal. Les signaux peuvent ensuite atteindre les cortex cérébraux insulaire et cingulaire.

Les sentiments homéostatiques ne sont pas toujours porteurs de mauvaises nouvelles ou d'alertes contre des dangers imminents. Lorsque l'organisme parvient à atteindre le bon équilibre entre ses besoins et les apports qu'il reçoit, lorsque son environnement lui convient en matière de climat, et lorsque le contexte social est agréable et sans conflit, le sentiment homéostatique qui prend la vedette est celui du *bien-être.* Il a divers aspects et des intensités variables. Le bien-être peut devenir si abondant et concentré qu'il peut se muer en plaisir. L'inverse est vrai : dans l'univers des sentiments homéostatiques négatifs, un malaise aigu et concentré peut se transformer en *douleur.*

Le sentiment homéostatique de la douleur nous offre un diagnostic automatique : une partie de nos tissus viennent d'être endommagés, ou le seront bientôt si nous ne faisons rien pour l'empêcher. Il faut éliminer l'agression ou l'atténuer. La substance P est l'un des principaux acteurs du mécanisme de la douleur, et la réponse de l'organisme face aux agressions qui provoquent l'apparition de la douleur inclut la sécrétion de cortisol et de corticostérone[1].

11.

SENTIMENTS HOMÉOSTATIQUES DANS UN CADRE SOCIOCULTUREL

Nous savons tous que la maladie est une source directe d'inconfort et de douleur, et que déborder de santé procure du plaisir. Mais nous oublions souvent que les situations psychologiques et socioculturelles peuvent elles aussi jouer sur la machinerie de l'homéostasie de sorte qu'elles peuvent également produire de la souffrance et du plaisir, du malaise ou du bien-être. Infailliblement soucieuse d'économie, la nature ne s'est pas mise en peine de créer des dispositifs nouveaux pour gérer les aspects positifs et négatifs de notre état psychologique ou de notre condition sociale. Elle se débrouille avec les mêmes mécanismes. Les dramaturges, les romanciers et les philosophes le savent depuis longtemps, et pourtant ce fait reste souvent méconnu – sans doute parce que le fonctionnement des choses est encore plus nébuleux lorsqu'il s'agit de la société et de la culture que lorsqu'on a affaire aux rigueurs de l'univers médical. Et pourtant, la souffrance liée à la honte sociale est comparable à celle d'un cancer agressif, la trahison peut faire mal comme un coup de couteau, quant aux plaisirs nés de l'admiration sociale, pour le meilleur comme pour le pire, ils peuvent être vraiment orgasmiques.

12.

Mais ce sentiment n'est pas purement mental

« *But this feeling isn't purely mental* » : ce vers apparaît dans la chanson *I Won't Dance*, écrite par Jerome Kern et popularisée par Fred Astaire, Frank Sinatra et Ella Fitzgerald. Elle doit une partie de sa popularité aux paroles ajoutées dans la version remaniée par Dorothy Fields et Jimmy McHugh. « Mais ce sentiment n'est pas purement mental » est suivi de : « Car par le Ciel, votre feu m'appelle[1]. » Le sous-entendu grivois étant que l'amour n'est pas qu'une affaire d'esprit, mais relève aussi de l'excitation physique dont le héros s'aperçoit en dansant avec sa bien-aimée. Il n'est pas insensible, c'est un humain de chair et de sang, la proximité et l'attirance créent une réaction physique. Le voilà embarrassé : il ne dansera plus.

Parfois, la sagesse populaire l'emporte sur la science laborieuse. Les sentiments ne sont pas purement mentaux ; ce sont des hybrides d'esprit et de corps ; ils vont et viennent à loisir de l'un à l'autre ; ils troublent notre paix mentale. C'est ce qu'exprime la chanson, et c'est ce que j'ai essayé d'expliquer dans ce chapitre. Je n'ai qu'une chose à ajouter : la puissance des sentiments provient du fait qu'ils sont présents dans l'*esprit conscient* : techniquement parlant, nous éprouvons des sentiments parce que l'esprit est conscient, et nous sommes conscients parce qu'il y a des sentiments ! Je ne joue pas sur les mots : je ne fais qu'exprimer, derrière un paradoxe apparent, un fait parfaitement exact. Les sentiments furent, et demeurent, le début de la grande aventure que nous appelons « conscience ».

PARTIE IV

CONSCIENCE ET CONNAISSANCE

1.

Pourquoi la conscience ? Pourquoi maintenant ?

Vous vous demandez peut-être pourquoi tant de philosophes et de scientifiques écrivent sur la conscience ces temps-ci. Jusqu'à une période récente, le sujet intéressait peu la littérature scientifique, et encore moins le grand public : il est aujourd'hui un sujet d'étude prisé et un objet de curiosité. La réponse est simple : la conscience est importante, et le public l'a compris.

Elle est importante pour ce qu'elle apporte directement à l'esprit humain et pour ce qu'elle lui permet de découvrir. Sans la conscience, pas d'expérience mentale : pas de plaisir, pas de douleur, rien de ce que nous percevons, mémorisons, rappelons à la mémoire et manipulons pour décrire le monde extérieur et le monde intérieur par l'observation, la pensée, le raisonnement. Si nous devions en retirer la composante consciente, le flux de *nos* états mentaux charrierait encore des images, mais ces images ne *nous* seraient pas rattachées – en tant qu'individus singuliers : elles ne seraient la propriété de personne. Elles suivraient le courant, sans amarres. Nul ne saurait à qui elles appartiennent. Sisyphe ne serait pas la figure tragique qu'il est. Sisyphe ne serait pas Sisyphe s'il n'était pas conscient que son terrible supplice est *sien*.

Sans la conscience, rien ne peut être véritablement *connu*. Elle est la pierre angulaire de l'essor des cultures humaines ; elle a donc changé le cours de notre histoire. Difficile d'exagérer son importance. Il est assez facile, en revanche, d'exagérer la complexité de son fonctionnement ou de ses origines, et de prétendre qu'elle est un mystère insondable.

Mais pourquoi s'intéresser à son rôle *chez l'humain*, quand selon toute vraisemblance tous les vertébrés et de nombreux invertébrés sont également doués de conscience ? Son importance est-elle moindre chez eux ? Absolument pas. Loin de moi l'idée de minimiser les capacités et l'intérêt des non-humains. Je mets simplement à l'honneur les faits suivants : (1) la douleur et la souffrance humaines ont donné naissance à une créativité extraordinaire, déterminée et obsessionnelle, engendrant de nombreux instruments pour lutter contre les sentiments négatifs qui avaient initié ce cycle créatif ; (2) le bien-être et le plaisir conscients ont motivé l'élaboration d'innombrables inventions destinées à la sécurité et à l'amélioration de la vie individuelle et sociale des humains. En dehors de quelques exceptions notables, les non-humains ont géré la douleur de la même manière que les humains, mais de façon plus directe et plus simple. Ils sont parvenus à éviter ou à atténuer la douleur et la souffrance, mais non à en modifier l'origine. Chez les humains, la conscience a eu des conséquences d'une ampleur et d'une portée incroyablement plus importantes. Non parce que les mécanismes fondamentaux de la conscience sont différents des leurs – je ne le crois pas –, mais parce que les ressources intellectuelles des humains sont beaucoup plus grandes et plus étendues. Ces ressources nous ont permis d'inventer des objets, des actions et des idées pour répondre à l'expérience critique de la douleur ou du plaisir ; les cultures humaines en ont découlé[1].

Ce panorama connaît quelques exceptions. Ainsi de quelques rares types d'insectes dits « sociaux », qui sont parvenus à assembler un ensemble complexe de réponses « créatives » qui, pris dans sa totalité, correspond bel et bien au concept général de « culture ». Les abeilles et les fourmis en font partie, en témoignent l'urbanité et la civilité de leurs « cités » si organisées et construites avec tant de soin. Sont-elles trop petites et trop modestes pour être dotées d'une conscience, et pour voir cette conscience alimenter leur créativité ? Absolument pas. Je subodore qu'elles sont guidées par les sentiments conscients qu'elles éprouvent. La plupart de leurs comportements ont un caractère inflexible qui limite le développement de leurs prouesses culturelles – pour le dire de façon plus directe, ces insectes semblent « figés » plutôt qu'en cours d'évolution. Leurs capacités, vieilles d'une centaine de milliers d'années, n'en sont pas moins fascinantes, tout comme le rôle qu'a probablement joué la conscience dans leur apparition.

Autre indice d'un accès partiel à la conscience, si on le rapporte à l'impact particulier de la conscience chez les humains : la manière dont certains mammifères réagissent à la mort d'autrui – je pense notamment aux rites funèbres des éléphants. À l'évidence, ces comportements sont dus en partie à la conscience qu'ils ont de leur propre souffrance, provoquée par l'observation de l'effet de la douleur et de la mort chez leurs proches. La différence avec l'humain tient à l'ampleur de l'invention et au degré de complexité et d'efficacité mises en œuvre dans l'élaboration des réponses. Ces exceptions tendent à appuyer l'hypothèse selon laquelle les réponses varient en fonction du calibre intellectuel de l'espèce, et non en fonction de la nature de la conscience chez l'espèce concernée.

On est en droit de se demander si l'efficacité des réponses que permet la conscience est due principalement au côté positif ou au côté négatif des sentiments – à leur valence positive ou négative. La douleur, la souffrance et la prise de conscience de la mort sont des sources d'action puissantes, davantage sans doute que le bien-être et le plaisir. Je soupçonne que les religions se sont bâties sur cette prise de conscience – notamment les religions abrahamiques et le bouddhisme. Dans une certaine mesure, prise sous l'angle de l'histoire et de l'évolution, la conscience était un fruit défendu : qui le goûtait devenait vulnérable à la douleur et à la souffrance, et s'exposait à une confrontation tragique avec la mort. Cette perspective s'accorde bien avec l'idée que c'est sous l'effet des sentiments que la conscience est apparue dans l'évolution – et pas n'importe lesquels : les sentiments négatifs, en particulier.

Les récits bibliques et le théâtre grec ont établi le potentiel tragique de la mort, qui demeure au cœur de nombreuses œuvres d'art contemporaines. W. H. Auden a retranscrit cette idée dans un poème, où l'humanité est figurée par ces gladiateurs harassés mais insoumis qui, plaidant leur cause face à un empereur cruel, proclament : « Nous, qui devons mourir, exigeons un miracle. » Ils ne *demandent* pas un miracle, ils ne le *requièrent* pas ; ils l'*exigent*. Par ce mot, le poète, témoin désespéré du déclin inévitable de chaque être humain, nous dit toute sa frustration. Auden avait compris que « le domaine du possible ne peut plus rien pour nous » – une conclusion finalement assez banale que l'on retrouve dans les textes fondateurs de nombreuses religions et systèmes philosophiques, et qui partout amène les mortels à suivre les préceptes des Églises proposant de les accompagner à travers cette vallée de larmes[2].

Toutefois, s'il n'existait que la douleur seule, sans la perspective du plaisir, nous nous contenterions d'éviter de souffrir sans rechercher le bien-être. Nous sommes les pantins à la fois de la douleur et du plaisir ; seule la créativité nous offre de – rares – occasions de liberté.

2.

La conscience naturelle

En anglais, on ne parle pas de « conscience », mais de *consciousness* ; un mot entré dans la langue à l'improviste, sans être accompagné d'une définition en bonne et due forme. Chargé de multiples sens au fil des siècles, il est devenu une sorte de cauchemar linguistique. C'est un mot jeune – il n'existait même pas à l'époque de Shakespeare – qui n'a aucun équivalent direct dans les langues romanes. En français, en italien, en portugais et en espagnol, il faut s'accommoder de l'équivalent de « conscience », et s'appuyer sur le contexte pour clarifier le sens[1].

Parmi les divers sens associés à la conscience, certains sont liés à la perspective de l'observateur ou de l'utilisateur du concept. Les philosophes, les psychologues, les biologistes et les sociologues ne voient pas la conscience de la même manière. Il en va de même pour les non-spécialistes, à qui l'on répète jour et nuit que leur problème se trouve « dans leur conscience » – ou ne s'y trouve pas –, et qui doivent se demander ce qu'être « conscient » signifie réellement dans la bouche des savants : être éveillé, être attentif, ou simplement posséder un esprit ? Pourtant, sous le bagage culturel se cache une *signification essentielle* du mot « conscience », signification reconnaissable par les neuroscientifiques, biologistes, psychologues et autres philosophes contemporains, malgré leurs différences de méthodes et la diversité de leurs explications. Pour chacun d'eux, le plus souvent, « conscience » (*consciousness*) est synonyme d'*expérience mentale*. Qu'est-ce qu'une expérience mentale ? C'est un état d'*esprit* imprégné de deux caractéristiques remarquables et reliées entre elles : les contenus mentaux qu'il présente sont *ressentis*, et ces contenus mentaux adoptent une *perspective* singulière. Une analyse plus approfondie révèle que cette perspective singulière est celle de l'organisme particulier auquel l'esprit est inhérent. Certains lecteurs se diront peut-être que les notions de « perspective de l'organisme », de « moi » et de « sujet » sont apparentées, et ils auront raison. Ils auraient également raison de penser que ce « moi », ce « sujet » et cette « perspective de l'organisme » correspondent à une chose tout à fait tangible : la réalité du caractère de « propriété ». L'organisme possède son esprit particulier ; l'esprit appartient à son organisme particulier. Nous – vous, moi, quelle que soit l'entité consciente – possédons un organisme animé par un esprit conscient.

Afin de rendre ces considérations aussi limpides que possible, il faut clarifier le sens de certains termes : *esprit*, *perspective* et *sentiment*. *L'esprit*, que nous avons défini plus haut, désigne la production et la présentation active des images issues de la perception du monde extérieur ou des souvenirs que nous nous remémorons, ou des deux. Les images qui constituent l'esprit s'écoulent en un cortège sans fin, et décrivent ce faisant toutes sortes d'acteurs et d'objets, toutes sortes d'actions et de relations, toutes sortes de qualités avec et sans traduction symbolique. Qu'elles soient individuelles ou associées entre elles, toutes les images – visuelles, auditives, tactiles, verbales, etc. – sont les véhicules naturels de la connaissance ; elles *transportent les connaissances*, les *signifient* explicitement.

Perspective renvoie au « point de vue », et le mot « vue » n'est pas restreint ici à son acception visuelle : la conscience des personnes aveugles a bel et bien une *perspective*, mais qui n'a rien à voir avec le sens de la vue. Par « point de vue », j'entends quelque chose de plus général : la relation que j'entretiens non seulement à ce que je vois, mais aussi à ce que j'entends, à ce que je touche, et même – précision importante – à ce que je perçois dans mon propre corps. La perspective à laquelle je fais référence est celle du « propriétaire » de l'esprit conscient. Autrement dit, elle correspond à la perspective que peut avoir un organisme vivant *en tant qu'elle est exprimée par les images qui s'écoulent au sein de son propre esprit,* ce dernier opérant dans ce même organisme.

Nous pouvons toutefois aller plus loin dans notre quête des origines de la perspective. Par rapport au monde qui nous entoure, la perspective de la plupart des organismes vivants se définit principalement de la *tête des* organismes en question. C'est dû en partie au fait que les sondes sensorielles – vue, audition, odorat, goût, équilibre – sont placées au sommet (ou à l'avant) du corps. Et aussi, bien sûr, au fait que le cerveau est dans la tête, comme nous le savons, créatures sophistiquées que nous sommes !

Fait étrange, lorsqu'elle porte sur le monde intérieur de l'organisme, la perspective provient de sentiments qui révèlent sans équivoque l'existence du lien naturel qui unit l'esprit et le corps. Les sentiments font savoir à l'esprit qu'il est lié au corps ; qu'ils sont ensemble et s'appartiennent l'un à l'autre. Ils transmettent ce message automatiquement, sans qu'il soit besoin de poser des questions. *Les sentiments comblent naturellement le vide qui séparait classiquement le corps physique des phénomènes mentaux.*

Que dire de plus sur les sentiments dans le contexte de la conscience ? Il faut souligner que le caractère autoréférentiel n'est pas une composante optionnelle de la conscience : il la définit et lui est indispensable. Allons plus loin : nous pouvons même déclarer que les sentiments sont la composante fondamentale de la conscience ordinaire.

Au cas où le récit de la saga de l'importance des sentiments finirait par nous distraire, il faut rappeler également que tous les sentiments ont pour mission de refléter l'état de la vie au sein du corps, que cet état soit spontané ou qu'il ait été modifié par une émotion. Cela s'applique pleinement à tous les sentiments qui participent au processus de production de la conscience.

Concluons : les sentiments, qui sont continuellement présentés dans notre esprit et sont si étroitement liés à la production de la conscience, ont deux sources. La première est la tâche sans fin d'entretenir la vie au sein du corps, qui reflète inévitablement ses hauts et ses bas – bien-être, malaise, faim, soif d'eau et d'air, douleur, désir, plaisir. Comme nous l'avons vu, il s'agit là de « sentiments homéostatiques ». L'autre source des sentiments est l'éventail des réactions émotionnelles, faibles ou fortes, qui sont souvent provoquées par nos contenus mentaux – les peurs, les joies et les irritations qui s'invitent dans notre quotidien. Elles s'expriment mentalement sous forme de « sentiments émotionnels ». Ces derniers comptent parmi les acteurs de la grande production multimédia qui constitue nos récits intérieurs. Les sentiments engendrés par ces deux infatigables mécanismes sont eux aussi incorporés à nos récits, mais ils sont avant toute chose des dispositifs servant à la production du processus conscient. Les sentiments de type homéostatique contribuent en fait à l'élaboration des fondations premières de notre être[2].

La conscience est donc un *état d'esprit particulier* résultant d'un processus biologique auquel contribuent de multiples événements mentaux. Les activités de l'intérieur du corps, dont témoignent les signaux venus du système intéroceptif, apportent la composante « sentiments », tandis que d'autres activités au sein du système nerveux central apportent des images décrivant le monde qui entoure l'organisme ainsi que son cadre musculosquelettique. Ces contributions convergent, de manière organisée, pour produire une chose à la fois assez complexe et néanmoins parfaitement naturelle : l'expérience mentale englobante d'un organisme vivant plongé, à chaque instant, dans l'acte d'appréhender le monde à l'intérieur de lui-même et, merveille entre les merveilles, le monde qui l'entoure. Le processus conscient saisit la vie au sein d'un organisme, exprimée en termes mentaux, et la situe au sein de ses propres frontières physiques. L'esprit et le corps reçoivent conjointement la propriété de cet ensemble, validée par un acte notarié en bonne et due forme, et célèbrent sans fin leur fortune bonne ou mauvaise, jusqu'au moment de s'endormir.

3.

Le problème de la conscience

Différentes branches de la psychologie – avec le concours de la biologie générale, de la neurobiologie, de la neuropsychologie, des sciences cognitives et de la linguistique – ont fait des progrès extraordinaires dans l'étude de la perception, de l'apprentissage et de la mémoire, de l'attention, du raisonnement et du langage. Elles ont fait également des progrès importants dans l'exploration des affects – pulsions, motivations, émotions, sentiments – et des comportements sociaux.

Les structures biologiques et les mécanismes qui sous-tendent toutes ces fonctions sont pour le moins complexes, qu'on les aborde sous l'angle de leurs manifestations publiques ou depuis une perspective subjective. Il a fallu déployer des efforts intenses, être inventif et faire converger des travaux théoriques et des méthodes de laboratoire pour faire avancer la recherche sur ces questions. Il est donc assez surprenant de s'apercevoir que la conscience a été considérée comme un domaine à part, au statut particulier, voire unique, qui ne serait pas seulement difficile d'accès, mais tout simplement insoluble. Sur cette question, certains auteurs ont cherché à sortir de l'impasse en avançant une proposition extrême, le « panpsychisme ». Le panpsychisme traite la conscience et l'esprit comme s'ils étaient interchangeables – ce qui pose des problèmes. Plus problématique encore : ces auteurs considèrent l'esprit et la conscience comme des phénomènes omniprésents, que l'on trouverait dans tout être vivant comme une partie intégrante de la vie. Dans tous les organismes unicellulaires et toutes les plantes, on devrait contempler une part de conscience. Et pourquoi s'arrêter au vivant ? Pour certains d'entre eux, même l'univers et tout ce qu'il contient de minéraux et de pierres sont conscients et ont un esprit[1].

Pour avancer ces propositions, on se fondait sur une hypothèse injustifiée, selon laquelle les outils ayant servi à étudier les autres aspects de l'esprit seraient insuffisants pour résoudre le problème de la conscience. Je ne vois rien qui montre que ce soit le cas. La biologie générale, la neurobiologie, la psychologie et la philosophie de l'esprit contiennent les outils nécessaires pour résoudre le problème de la conscience, et pourraient même permettre de faire un grand pas vers l'élucidation du problème plus profond qui le sous-tend : de quoi est fait l'esprit lui-même ? La physique peut nous venir en aide sur ce point.

L'étude de la conscience se heurte à un problème de taille, que l'on appelle couramment aujourd'hui le « problème difficile », selon l'expression introduite par le philosophe David Chalmers[2]. Pour reprendre ses propres termes, l'un des aspects importants du problème renvoie à la question suivante : « Pourquoi et comment des processus physiques dans le cerveau engendrent-ils l'expérience consciente ? »

En bref, le problème concerne notre incapacité présumée à expliquer comment le cerveau, ce dispositif physico-chimique – fait d'*objets physiques*, les neurones (par milliards), interconnectés au moyen de synapses (par milliers de milliards) –, pourrait engendrer des *états mentaux*, sans parler d'états mentaux *conscients*. Comment le cerveau pourrait-il produire des états mentaux indéfectiblement reliés à un individu en particulier ? Et comment ces états produits par le cerveau peuvent-ils nous faire ressentir quelque chose, *nous faire une certaine impression (feel like something)*, comme le philosophe Thomas Nagel pense qu'ils le font[3] ?

Mais la formulation biologique du problème difficile n'est pas viable. Demander pourquoi les processus physiques « dans le cerveau » engendrent une expérience consciente, c'est poser la mauvaise question. Le cerveau joue certes un rôle central dans la production de la conscience – mais rien n'indique qu'il la produise seul, bien au contraire. Les tissus non neuronaux du corps proprement dit ont un apport décisif dans la création de tout instant conscient et doivent être considérés comme une partie de la solution du problème. Cela se produit tout particulièrement *via* le processus hybride des sentiments, que nous considérons comme un acteur majeur de la fabrication de l'esprit conscient[4].

« Je suis conscient. » Qu'est-ce que cette phrase signifie réellement ? Au niveau le plus simple, cela veut dire que mon esprit, au moment où j'affirme que je suis conscient, est en possession d'une connaissance qui m'identifie spontanément comme son propriétaire. *Fondamentalement parlant,* cette connaissance me concerne *moi-même* : mon corps, sur lequel je reçois des informations en continu et de manière plus ou moins détaillée par l'intermédiaire des sentiments ; ainsi que les faits que je peux me remémorer et qui peuvent se rapporter (ou non) au moment de la perception, et qui font également partie intégrante de moi-même. Le festival de connaissances qui rend l'esprit conscient est plus ou moins complet en fonction du nombre des honorables invités qui font le déplacement ; mais certains de ces invités ne sont pas simplement honorés d'être là : leur présence est obligatoire. Laissez-moi vous les présenter : tout d'abord, *certaines connaissances relatives aux opérations en cours au sein du corps* ; mais aussi *certaines connaissances relatives à mon identité, puisée dans ma mémoire : qui je suis aujourd'hui, qui j'ai été par le passé, récent ou lointain.*

La conscience se résume-t-elle à cela ? Non – dire le contraire serait tomber dans le piège de la simplification. La conscience n'a rien de simple, et nous n'avons rien à gagner à sous-estimer la complexité qu'engendrent tous ces rouages et points d'articulation. Mais si complexe soit-elle, la conscience ne semble pas être – ou devoir rester – mystérieuse ou si impénétrable qu'il soit impossible de déterminer de quoi elle est faite, du point de vue mental.

Je suis très admiratif de la manière dont nos organismes vivants – avec les parties que nous qualifions de « neuronales » et aussi celles que nous avons tendance à laisser de côté en parlant de « reste du corps » – sont parvenus à mettre au point les processus qui donnent naissance à nos états mentaux, imprégnés de sentiments et d'un sens de l'existence personnelle. Mais on peut parfaitement admirer sans crier au mystère. La notion de mystère et l'idée selon laquelle une explication biologique serait hors de notre portée n'ont ici pas lieu d'être. Les questions finissent par trouver leur réponse ; les énigmes, leur solution. On ne peut qu'être impressionné par ce que la combinaison de plusieurs systèmes fonctionnels relativement transparents est parvenue à produire à notre profit[5].

4.

À QUOI SERT LA CONSCIENCE ?

C'est là une question importante, mais peu de personnes se la posent sérieusement. La théorie selon laquelle la conscience serait inutile a déjà été avancée – mais si elle ne servait à rien, pourquoi serait-elle encore là ? En général, les fonctions utiles sont conservées et affinées au cours de l'évolution biologique, tandis que les fonctions inutiles sont écartées – c'est le travail de la sélection naturelle. À coup sûr, la conscience n'est pas inutile.

Premier avantage de la conscience : elle aide les organismes à gérer leur vie en respectant les exigences strictes de la régulation du vivant. Nombre des espèces qui ont précédé l'humanité ont bénéficié de cette aide – et les humains plus que quiconque. Rien d'étonnant jusque-là. Après tout, l'un des fondements de la conscience se trouve être les sentiments, dont le but est de concourir à la gestion de la vie conformément aux exigences de l'homéostasie. Pour rendre justice à la naissance de la conscience, on pourrait dire qu'il y a une chronologie et que, dans l'histoire de l'évolution, les sentiments sont apparus juste avant la conscience : ils ouvrent littéralement la voie à la conscience. Mais la réalité est que la valeur fonctionnelle des sentiments est liée au fait qu'ils sont attribués sans équivoque à l'organisme de leur propriétaire et logés dans l'esprit de cet organisme hôte. Les sentiments ont mis au monde la conscience et en ont généreusement fait cadeau au reste de l'esprit.

Deuxième avantage : lorsque les organismes sont très complexes – certainement lorsqu'ils en viennent à être équipés d'un système nerveux capable d'accueillir un esprit –, la conscience devient un atout indispensable dans *la lutte pour une bonne gestion du vivant.*

Des organismes vivants indépendants peuvent réussir à mener une vie normale sans esprit ni conscience, comme le montre le cas des bactéries et des plantes. Elles surmontent les problèmes liés à l'existence et à la persistance avec beaucoup moins de panache, grâce à une *compétence dépourvue d'esprit* mais puissante, sorte de précurseur « furtif » et très intelligent de l'esprit et de la conscience combinés. Si je qualifie cette compétence inconsciente de « furtive », c'est parce qu'elle finit par gérer avec succès la vie des créatures non conscientes sans déployer les prouesses athlétiques de l'expérience subjective.

Soulignons un point important : les *esprits conscients* exercent une gestion explicitement intelligente, mais ils bénéficient aussi, au besoin, du concours de l'intelligence non explicite. La vie ne peut fonctionner sans qu'on s'en occupe et qu'on la dirige. Elle doit être administrée. Une bonne gestion requiert soit un esprit conscient, soit une compétence non explicite ; toutes les espèces n'ont pas besoin de la panoplie complète de l'administration intelligente du vivant, du non-conscient au conscient.

La conscience relie l'esprit à un organisme précis de manière indélébile, ce qui lui permet d'épauler l'esprit en plaidant avec insistance pour répondre aux besoins particuliers de cet organisme. Et lorsque l'organisme peut établir une description mentale de l'intensité de ses besoins et peut utiliser la connaissance pour répondre à ces besoins, plus rien ne peut l'arrêter. L'esprit conscient aide l'organisme à identifier clairement les éléments nécessaires à sa survie – à se frayer un chemin parmi les besoins grâce aux sentiments. En fonction de l'intensité des sentiments en question, il arrive souvent que la conscience exige, voire impose une réponse aux besoins identifiés. La raison et les connaissances explicites fournissent des ressources auxquelles n'ont pas accès les compétences de type implicite, qui sont régies par des formes d'intelligence dissimulées et qui ne sont sensibles qu'à l'homéostasie élémentaire. La connaissance et le raisonnement créatif inventent des réponses nouvelles à des besoins spécifiques.

Les organismes dotés d'esprits conscients en retirent des avantages remarquables. Leur champ d'action s'étend au gré de leur degré d'intellect et de créativité. Ils ont plus de dispositions à exploiter dans leur lutte pour la vie, peuvent affronter des obstacles plus variés, avec de meilleures chances de les surmonter. La conscience élargit leur horizon – et leur habitat.

Les organismes qui disposent de grandes capacités mentales utilisent la conscience – c'est-à-dire l'attribution à leur corps de ces capacités mentales comme lui appartenant – dans leurs calculs et leurs activités créatives. L'ensemble de leur programme comportemental tire parti de la conscience. Au lieu de nous demander pourquoi nos processus créatifs sont accompagnés par la conscience, nous ferions mieux de nous demander comment le moindre de nos meilleurs comportements serait seulement possible – et encore moins utile – en l'absence de la conscience.

5.

Esprit et conscience ne sont pas synonymes

J'ai mis longtemps à comprendre qu'une partie des problèmes rencontrés dans l'étude de la conscience proviennent d'une lourde confusion. La conscience est un état d'esprit distinctif, mais on confond souvent les mots « conscience » et « esprit », comme s'ils étaient synonymes et correspondaient au même processus. Lorsqu'on les met face à leur erreur, il arrive que les personnes concernées admettent leur confusion – sans assimiler la distinction pour autant. Elles deviennent incapables d'envisager le mécanisme central de la conscience comme une *modification* du processus originel de l'esprit.

Cette confusion est la conséquence d'un « sophisme de composition » : les composantes d'un phénomène complexe sont difficiles à identifier sous l'enveloppe qui les cache. Parler d'« esprit conscient » en lieu et place de « conscience » est important : l'adjectif « conscient » qualifie le mot « esprit », et souligne que tous les états d'esprit ne sont pas nécessairement conscients ; que la fabrique de l'esprit conscient implique l'existence de *composants*.

Dans ma proposition, la conscience est un état d'esprit *enrichi*. Cet enrichissement consiste à *inclure dans les processus continus de l'esprit des fragments d'esprit supplémentaires*. Ces fragments d'esprit supplémentaires sont faits du même matériau que le reste de l'esprit – ils relèvent du domaine de l'image – mais, grâce à leur contenu, ils annoncent clairement que *tous les contenus mentaux auxquels j'ai actuellement accès m'appartiennent, sont à moi, sont en train de se déployer au sein de mon organisme*. Cet ajout est *révélateur*.

Révéler ce caractère « propriétaire » du mental, c'est principalement le fait des sentiments. Lorsque je fais l'expérience de l'événement mental que nous appelons « douleur », je peux le localiser *dans une certaine partie de mon corps*. En réalité, le sentiment survient *à la fois* dans mon esprit et dans mon corps – et ce pour une bonne raison : je possède l'un comme l'autre ; ils sont situés dans le même espace physiologique ; et ils peuvent interagir entre eux.

Le fait qu'il soit manifeste que les contenus mentaux qui surviennent au sein d'un organisme intégré lui appartiennent signe la présence d'un esprit conscient. Lorsque cette caractéristique distinctive est absente ou non prédominante, il est plus juste d'employer simplement le terme « esprit ».

Le mécanisme qui permet de doter l'esprit d'une connexion ferme avec l'organisme qui en est le propriétaire légitime consiste à insérer dans le flux mental des contenus qui relient explicitement *esprit* et *propriétaire de l'organisme*. Ils opèrent au niveau des systèmes corporels. Les considérer comme des mystères serait une erreur. Je ne prétends pas que cette solution au problème de la conscience permet d'élucider tous les mécanismes biologiques qui sous-tendent la conscience. Je ne dis pas non plus que les différents états de la conscience ont tous la même portée ou le même niveau. Il y a une distinction à faire entre mon esprit conscient au moment où je me réveille d'un profond sommeil – à ce moment-là, c'est à peine si je sais qui je suis et où je suis – et l'esprit conscient qui me permet de réfléchir pendant des heures à un problème scientifique compliqué. Mais la solution que je propose est applicable dans les deux cas, et elle est décisive. Pour qu'un esprit conscient puisse émerger, il faut enrichir les processus ordinaires de l'esprit en y ajoutant des connaissances qui se rapportent à mon organisme et qui m'identifient comme le propriétaire de ma vie, de mon corps et de mes pensées.

L'esprit conscient peut fonctionner selon des processus simples, concentrés sur des problèmes banals, et aussi selon des processus riches, « panoramiques », embrassant de vastes pans d'histoire. Dans les deux cas, il dépend d'un rite initiatique : *l'identification d'un « esprit-propriétaire », qui requiert le positionnement de cet esprit au sein d'un cadre : son corps.*

6.

La conscience n'est pas l'éveil

On pense souvent que c'est la même chose d'être conscient et d'être éveillé ; pourtant, la conscience et l'éveil sont deux états bien distincts. Ils ont certes des points communs. Lorsque l'organisme s'endort, sa conscience s'éteint généralement. Mais rappelons que cette règle a une exception flagrante : alors que nous sommes profondément endormis, la conscience revient lorsque nous rêvons, et crée alors une situation pour le moins étrange. Nous sommes endormis *et* nous sommes conscients. Par ailleurs, dans certains types de comas, les patients ont l'air inconscients, alors que leur électroencéphalogramme indique qu'ils sont techniquement éveillés. Je sais bien que tout cela peut sembler complexe et déroutant. Je peux toutefois garantir qu'une fois le voile de confusion levé, nous pouvons affirmer en toute confiance que la conscience n'est pas un simple état d'éveil[1].

On devrait se représenter l'éveil comme l'opération qui nous permet d'« inspecter » les images – comme si on allumait la lumière sur une scène de théâtre. Les mécanismes de l'éveil ne participent pas à la mise en scène des images qui défilent dans notre esprit, et ils ne se soucient pas de nous dire que les images inspectées nous appartiennent.

Comme nous l'avons découvert en abordant le sujet de l'esprit, la capacité de « sentir » ou de « détecter » un contact, une hausse de la température, une vibration – ne doit pas non plus être confondue avec l'esprit ou la conscience.

7.

La (dé)construction de la conscience

Pourquoi penser qu'il existe une solution plausible au problème de la conscience ? En premier lieu, je crois, parce qu'on peut envisager un moyen par lequel un lien transparent s'établit entre les contenus mentaux et le sujet sensible, et par lequel le sujet sensible assume la propriété de ces contenus. En second lieu parce que le moyen que j'envisage s'appuie sur des mécanismes physiologiques dont les statuts – au niveau des systèmes – sont relativement bien compris.

Comment se construit la conscience ? En ajoutant au flux d'images mentales que nous appelons « esprit » un autre ensemble d'images mentales qui donnent des références *ressenties* et *factuelles* au propriétaire de l'esprit. Les images mentales, qu'elles soient conventionnelles ou hybrides, comme les sentiments, véhiculent et communiquent des significations, qui sont les ingrédients clé de la conscience comme aussi des versions simples de l'esprit. Nul besoin de décrypter un phénomène encore inconnu, ou d'ajouter un composant mystérieux au brassage des images, pour rendre cet ensemble conscient. La clé de la conscience réside dans les *contenus* des images qui l'éveillent. Elle réside dans les *connaissances* que ces contenus procurent naturellement. Seule condition nécessaire : il faut que les images soient informatives, pour pouvoir contribuer à l'identification de leur propriétaire.

Si la solution que je propose ne fait pas appel à l'inconnu et au mystérieux, elle n'est pas « simple » pour autant, et je ne prétends pas que tous les problèmes liés au fonctionnement de l'esprit conscient soient résolus – ce n'est pas le cas. Quiconque cherche à expliquer ce que notre organisme traverse lorsque nous assistons à une représentation du *Ring* de Wagner fait face à un défi de taille – musicalement, scéniquement et biologiquement parlant.

La quasi-totalité du contenu imagé de notre esprit provient de trois univers principaux. Le premier univers est lié au *monde qui nous entoure.* Il produit des images des objets, des actions et des relations présentes dans l'environnement que nous occupons et que nous examinons en permanence à l'aide de nos sens externes – vue, ouïe, toucher, odorat et goût.

Le deuxième univers est celui de notre *vieux monde intérieur.* Si ce monde est « vieux », c'est parce qu'il contient des organes internes anciens du point de vue de l'évolution, qui prennent en charge le métabolisme : les viscères – cœur, poumons, estomac et intestins – ; les vaisseaux sanguins indépendants de grande taille et les vaisseaux sanguins situés dans les profondeurs de la peau ; les glandes endocriniennes, les organes sexuels, etc. C'est cet univers qui donne vie aux sentiments, comme nous l'avons vu dans les chapitres consacrés à l'affect. Les images qui composent les sentiments correspondent également à de véritables objets, actions et relations – mais avec des différences monumentales. D'abord, les objets et les actions sont situés *à l'intérieur* de notre organisme, dans l'intérieur viscéral principalement logé dans la poitrine, l'abdomen et la tête, ainsi que dans les grands viscères qui résident dans l'épaisseur de la peau, à travers tout le corps, traversé par les vaisseaux sanguins et leurs parois musculaires lisses.

Par ailleurs, les images du deuxième univers ne font pas que représenter les formes et les actions d'objets internes : elles représentent surtout l'*état* des objets en rapport avec leur fonction au sein de l'économie du vivant.

Enfin, les processus de l'univers du vieux monde font la navette entre les « objets » réels, les organes, par exemple, et les « images » qui les représentent. On observe une interaction permanente entre les sites où se produisent des changements corporels et les représentations « perceptuelles » de ces changements. C'est là un processus totalement hybride, qui tient à la fois « du corps » et « de l'esprit » ; qui permet aux images, du côté mental, d'être mises à jour par les altérations corporelles, et modifiées en conséquence. Soulignons par ailleurs, à propos du processus vital, que les images représentent des *qualités* et leur valeur ou valence momentanée. L'*état* et la *qualité* des objets et des actions réels de l'intérieur sont les véritables vedettes. Ce ne sont pas les violons ou les trompettes eux-mêmes qui captent l'attention du public, mais les *sons* qu'ils produisent. Autrement dit, on ne peut pas réduire les sentiments à des schémas (*patterns*) d'images fixes : ils portent sur toute une « gamme » de fonctionnements.

Un troisième univers de l'esprit se rapporte lui aussi à un monde interne à l'organisme, mais implique un secteur tout à fait différent : *le squelette osseux, les membres et le crâne – des régions corporelles protégées et animées par les muscles squelettiques.* Ce secteur de l'intérieur offre à la fois un *cadre* et un *soutien* à tout l'organisme en fournissant un ancrage aux mouvements externes exécutés par les muscles squelettiques, y compris ceux qui servent à la locomotion. Ce cadre tout entier sert de référence pour tout le reste de ce qui se produit dans les deux premiers univers. Fait intéressant, du point de vue de l'évolution, ce secteur de l'intérieur n'est pas aussi vieux que l'univers des viscères, et ne partage pas leurs caractéristiques physiologiques très particulières. Des os solides et des muscles forts font de bonnes structures et des cadres résistants.

8.

La conscience étendue

L'idée selon laquelle la conscience peut venir à l'esprit à deux conditions – présence des sentiments et identification du sujet – peut être surprenante à première vue, et ce n'est pas un problème. En revanche, qu'on puisse penser que mon explication de la conscience est trop « limitée » étant donné l'« importance » du phénomène, c'est un problème et il faut l'examiner.

Le problème, à mon sens, ne vient pas de mon explication en elle-même, mais des attentes engendrées par la vision traditionnelle, vague et exagérée de ce que la conscience est supposée être et qui est très éloignée de ce qu'est la conscience et de ce qu'elle fait, en réalité. J'ai déjà évoqué le rôle unique qu'elle a joué dans l'évolution et son caractère indispensable dans l'histoire de l'humanité. On ne peut concevoir les choix moraux, la créativité et la culture humaine qu'à la lumière de la conscience. Mais tous ces faits restent cependant entièrement compatibles avec le fait que les mécanismes qui sous-tendent la conscience soient situés à l'échelle où je les place.

Si l'explication que j'avance peut d'abord sembler modeste, c'est en partie à cause du concept de *conscience étendue*, que j'ai introduit lorsque j'ai commencé à étudier le problème, et qui m'était assez cher[1]. Ce que j'appelais « étendu » s'appliquait à ce que j'estimais être une variété très étendue de phénomènes de conscience, qui embrasse ce que nous éprouvons à la lecture de Marcel Proust, de Léon Tolstoï, de Thomas Mann, ou à l'écoute de la *Symphonie n° 5* de Mahler : la conscience large, haute, riche, longue, qui abrite des multitudes d'humanités différentes et leurs habitats respectifs ; qui mobilise le passé que nous avons confié à la mémoire, joue habilement avec nos provisions de connaissances et se projette dans les avenirs possibles.

Seulement, voilà : je réalise aujourd'hui que j'aurais dû parler d'*esprit* étendu, et non de conscience étendue. Le mécanisme fondamental qui rend les images conscientes demeure identique, quel que soit le nombre d'images à traiter – une seule ou un million. C'est l'ampleur et la capacité des mécanismes de notre esprit qui changent : ils changent en fonction de la quantité des matériaux que nous rappelons à la mémoire et sur lesquels nous travaillons, en fonction de la force d'attention qui est appelée à intervenir et à mesure que, petit à petit, des pièces entières tissées de musique, de littérature, de peinture et de cinéma sont *mentalement intégrées* et offertes à notre possession – autrement dit, elles sont *rendues conscientes*.

9.

SANS PROBLÈME, ET VOUS EN PLUS

Ce célèbre poème d'Emily Dickinson[1] est-il une ode à la conscience ? Je le pensais autrefois. Aujourd'hui, j'y vois plutôt une lecture pénétrante de l'esprit humain. Voici les quatre premiers vers :

Le Cerveau est plus grand que le Ciel,
Mettez-les côte à côte,
L'un contient l'autre
Sans problème, et Vous en plus.
[tr. fr. Patrick Reumaux].

Dickinson a l'intuition qu'il faut un « vous » dans le processus qui crée un esprit conscient – qu'il s'agisse de moi ou de n'importe quel autre individu –, mais elle s'intéresse surtout à l'envergure de cet esprit. Le panorama visuel et auditif que j'ai devant moi est tellement plus vaste que mon modeste cerveau : comment est-ce possible ? C'est ce qu'elle cherche à comprendre.

Le cerveau était forcément plus grand que le ciel – c'est-à-dire plus grand que notre crâne – parce qu'il pouvait contenir non seulement le monde autour de nous, mais *vous* en plus. Dickinson savait pertinemment que son crâne ne pouvait pas réellement contenir le monde, ou nous-mêmes. Il fallait pour ce faire nous miniaturiser avec le monde, nous mettre à l'échelle du cerveau. Une fois le monde ainsi redimensionné, nous pouvions alors gonfler, avec nos pensées, pour atteindre la taille de l'univers proche ou lointain – tout en tenant dans une tête.

Dickinson tenait sincèrement à sa vision organique de l'esprit, comme à sa conception moderne de l'âme (*spirit*) humaine. Et pourtant, en définitive, ce n'est pas le cerveau qui était plus grand que le ciel, mais la vie elle-même, mère des corps, des cerveaux, des esprits, des sentiments et des consciences. Plus impressionnante que l'univers entier, il y a la vie ; elle est à la fois matière et processus, inspiratrice de la pensée comme de la création.

10.

Le miracle des sentiments

Les sentiments ? Encore eux ? Encore, oui ; encore et toujours. Les sentiments protègent notre vie en nous indiquant les dangers et les occasions qui se présentent sur notre route et en nous incitant à agir en conséquence. C'est là une véritable merveille de la nature – mais les sentiments en recèlent une autre, une merveille sans laquelle leurs conseils et leurs motivations resteraient lettre morte. Ils fournissent à l'esprit des informations factuelles – informations qui nous permettent de savoir, sans effort, que le reste du contenu de notre esprit à ce moment précis nous appartient également ; que le reste du contenu est en train de se produire en nous. Les sentiments nous permettent d'éprouver et de devenir conscients, d'unifier autour de notre être singulier les biens mentaux dont nous sommes propriétaires. Les sentiments homéostatiques sont les premiers catalyseurs de la conscience.

Les informations cruciales que les sentiments offrent au processus mental contiennent des faits spécifiques sur l'intérieur de l'organisme, continuellement modifié par les ajustements homéostatiques. Ils montrent que la totalité du processus prend place dans un esprit qui fait partie de l'organisme dans lequel ces ajustements homéostatiques sont réalisés ! L'esprit « appartient » à « son » organisme.

Les sentiments qui rendent la conscience possible n'appartiennent pas à une classe à part. Ils juxtaposent deux phénomènes principaux : (1) les images de l'intérieur, qui détaillent les altérations apportées pour des raisons homéostatiques aux configurations internes de l'organisme ; et (2) les images qui détaillent les *interactions* entre les cartes et leurs origines corporelles et qui, ce faisant, révèlent naturellement que ces cartographies sont réalisées à l'intérieur de l'organisme qu'elles représentent. La découverte de ce caractère propriétaire découle des influences mutuelles et transparentes de l'état de l'organisme et des images produites dans cet organisme ; la propriété est le corollaire de ce fait manifeste : l'un des processus, la fabrication des images mentales, survient à l'intérieur de l'autre, l'organisme.

L'organisme possède l'esprit. Ce fait a une conséquence fascinante : tout ce qui survient dans l'esprit – les cartes de l'intérieur et les cartes des structures, des actions et des positions spatiales des autres organismes/objets qui existent et se situent dans l'environnement extérieur – se construit, par nécessité, en adoptant *la perspective de l'organisme.*

11.

La priorité du monde intérieur

D'ordinaire, lorsqu'on évoque la conscience, on pense d'abord au monde extérieur, en confondant conscience et capacité de se représenter le monde qui nous entoure. C'est une erreur compréhensible : notre esprit porte un intérêt disproportionné au monde extérieur à nous-mêmes. Pourquoi cela ? Parce que cartographier ce monde est essentiel pour gérer nos interactions avec lui dans l'intérêt de la vie. Mais s'il nous aide à identifier ce qui peut être connu et utilisé à notre avantage, ce processus ne nous indique ni ne nous explique pourquoi et comment nous sommes conscients des choses que nous avons cartographiées sous la forme d'images – autrement dit, pourquoi nous savons ce que nous savons. *Pour devenir instruits et savants, nous devons « connecter » ou « référer » les objets et les processus à notre propre organisme, à nous-mêmes. Nous devons faire de notre organisme le surveillant des objets et des processus.*

Nous devenons conscients de notre existence et de nos perceptions lorsque nous utilisons nos connaissances pour établir la référence et la propriété.

Si nous savons que nous savons – c'est-à-dire en fait si nous savons que *chacun d'entre nous, individuellement,* est en possession de connaissances –, c'est uniquement parce que nous recevons simultanément des informations portant sur deux autres aspects de la réalité. L'un des aspects concerne l'état de notre monde intérieur ancien, celui de la chimie et des viscères, qui s'exprime sous la forme du processus hybride appelé « sentiments ». L'autre aspect est la référence spatiale fournie par notre intérieur musculo-squelettique, notamment par le cadre stable qui ancre l'édifice de notre soi.

12.

Un rassemblement de connaissances

On peut envisager la construction de la « conscience » comme l'entreprise d'un maître d'œuvre qualifié qui réunit les matériaux et les artisans dont il a besoin pour mener son projet à bien. La conscience rassemble les petits morceaux de sapience qui, par la force de leur présence simultanée, révèlent le mystère de l'appartenance. Ils nous disent – à vous, à moi – parfois dans le langage subtil des sentiments, parfois par l'intermédiaire d'images ordinaires, ou même en mots traduits pour l'occasion que oui, voilà, c'est bien nous qui pensons ces choses, voyons ce que nous voyons, entendons ces sons, ressentons ces sentiments. Le « moi » et le « vous » sont identifiés par des composantes mentales et des composantes corporelles. Ce qui est du pareil au même, au vu des liens solides qui unissent les événements mentaux à la physiologie globale du corps. Si le monde peut venir à vous, c'est parce que votre organisme vivant – votre organisme entier, et non votre seul cerveau – est une scène ouverte sur laquelle se joue une scène sans fin pour votre propre bien : voilà ce que nous souffle le maître d'œuvre de notre conscience. En guise de matériaux de construction, brique après brique : rien d'autre que des connaissances, semblables à celles que l'on trouve dans le reste de l'esprit. Son substrat : des images et encore des images, y compris ces images hybrides qui s'appuient sur des interactions corps-cerveau et sont assorties d'attractions et de répulsions les « images » que nous appelons sentiments. Les morceaux de connaissances qui s'empilent sur le train de notre vie mentale, ces structures crénelées d'images qui nous aident à décrire le moment de nos vies, notre temps de vie, sont une preuve incessante de notre existence.

La conscience est un rassemblement de connaissances assez nombreuses pour engendrer – automatiquement, et au beau milieu du flux d'images – l'idée que ces images sont *à moi*, sont en train d'être produites au sein de *mon* organisme vivant, et que l'esprit… eh bien, est *à moi* lui aussi. C'est là le secret de la conscience : rassembler les connaissances et les exhiber pour mieux les transformer en certificat d'identité à l'attention de l'esprit. La conscience ne se contente pas d'intégrer les éléments mentaux, même si cette intégration a bel et bien un rôle à jouer lorsque la conscience est conférée à un grand nombre d'images.

Rétrospectivement, une erreur a été commise à maintes reprises dans la quête de la conscience : elle a été trop souvent traitée comme une fonction « spéciale », voire une « substance » séparée, une fragrance planant au-dessus du processus mental mais déconnectée de lui – ou de ce qui le sous-tend. Même ceux d'entre nous qui ont imaginé des solutions moins extravagantes ont nimbé le problème d'une aura de mystère superflue[1].

13.

L'intégration n'est pas la source de la conscience

Lorsque nous nous décrivons comme conscients d'une scène spécifique, il nous faut intégrer une quantité considérable des éléments qui composent cette scène. Pour autant, nous n'avons aucune raison de penser que l'intégration, à elle seule, si abondante soit-elle, puisse être l'unique source de la conscience. L'intégration accrue des contenus mentaux, sur de plus grandes quantités d'images fluides, fournit une plus grande quantité de matériau conscient – mais je doute que ce simple processus de « liaison » des contenus impliqués permette d'expliquer à lui seul l'apparition de la conscience. Une intégration correcte des contenus mentaux ne permet pas de la faire jaillir comme par magie. J'estime que l'intégration permet d'élargir notre champ mental. La conscience au sens propre commence à apparaître lorsque notre flux mental se trouve enrichi par les connaissances désignant l'organisme comme le propriétaire de l'esprit. C'est lorsqu'ils m'identifient, *moi,* comme le propriétaire des possessions actuelles de l'esprit que mes contenus mentaux commencent à devenir conscients. Comment savons-nous que nous sommes propriétaires ? Grâce à certains faits bien spécifiques, et – très directement – grâce aux sentiments homéostatiques. Ces derniers, aussi souvent que nécessaire, *identifient* mon esprit à mon corps, sans équivoque, facilement, naturellement et instantanément ; nul besoin de raison, nul besoin de calculs[1].

14.

La conscience et l'attention

Par certains côtés, la conscience ressemble au lait et aux œufs : elle existe en plusieurs catégories, qui correspondent au type et à la quantité de contenus mentaux rendus conscients à un moment donné. La catégorisation est compliquée par une étrange interaction entre les contenus présents à l'esprit et l'attention qu'on leur consacre. Par exemple, lorsque j'ai commencé à écrire cette page, j'étais particulièrement concentré sur les idées que je cherchais à communiquer. Mais alors que je réfléchissais à ces questions, j'ai appuyé sur la télécommande de mon lecteur CD, et le son du disque que j'avais préparé plus tôt dans la journée a empli la pièce. La portée de mon esprit conscient s'est considérablement élargie pour accueillir les nouveaux contenus, mais j'étais désormais partagé entre le sujet de ces lignes – la portée de la conscience – et mon écoute, qui me mettait face à une tâche exigeante : comparer, dans les mêmes passages, le phrasé du pianiste que j'entendais à celui d'un autre pianiste plus âgé. Ce texte est la conséquence directe de cet éparpillement : le but principal de mon projet est passé à l'arrière-plan, toujours dans mon « esprit conscient », mais plus sur le devant de la scène et moins près, tandis que la musique, elle, s'avançait lentement mais sûrement au premier plan. Peu après, la position des contenus s'est inversée et j'étais à nouveau en train d'écrire sur la conscience.

J'avais été distrait, puis je me suis concentré de nouveau sur mon propos.

Il serait absurde d'analyser ma distraction sous le seul angle de la conscience, ou sous le seul angle de l'attention. Elles ont toutes deux leur mot à dire. Techniquement parlant, le processus secondaire d'amélioration de la qualité de certaines images, ou leur « montage » filmique – largeur du cadrage et durée des plans sélectionnés –, est un problème relevant du domaine de l'attention. Mais il est tout aussi absurde de sous-estimer le rôle de l'affect dans cette répartition de l'« attention » entre les différents contenus disponibles dans notre flux mental. Déterminer en quoi l'interprétation de Leif Ove Andsnes différait de celle de Martha Argerich et à quel endroit dans le morceau était soudain plus gratifiant – plus satisfaisant – que de clarifier mes idées sur la portée de la conscience. J'ai permis à cette tâche agréable de prendre le contrôle des événements.

L'exemple détaillé ci-dessus n'a pas pour vocation de bousculer notre interprétation de la réalité biologique : si j'ai pu identifier comme étant ma propriété les contenus sélectionnés pour mon esprit, c'est grâce au système fondateur des sentiments qui me déclarent seul et unique propriétaire, et grâce aux informations périphériques qui me décrivent dans ma position actuelle : assis à mon bureau, de la musique plein les oreilles, et avec à ma droite, un peu à l'ouest, un peu au nord, une vue sur le soleil en train de se coucher sur le Getty Museum.

L'attention nous aide à gérer l'abondante production des images dans l'esprit. Elle agit sur la base (a) des caractéristiques physiques intrinsèques des images – couleurs, sons, formes, relation, etc. – ;

(b) de l'importance personnelle (évaluée avec l'aide de la mémoire individuelle) et historique des images. Un mélange de réactions émotionnelles et cognitives gère alors la durée et l'importance allouée aux images ayant été sélectionnées pour être incorporées au flux mental conscient[1].

15.

De l'importance du substrat

L'extraordinaire succès des sciences informatiques a eu une conséquence étrange : l'idée selon laquelle l'esprit – humain notamment – ne dépendrait en aucune manière du substrat qui lui sert de socle. Laissez-moi vous expliquer cette idée. Je suis en train de rédiger cette phrase avec un stylo Paper Mate n° 2 sur un bloc-notes jaune, mais j'aurais tout aussi bien pu l'écrire à l'aide d'une machine à écrire Olivetti, d'un iPad ou d'un ordinateur. Mes mots seraient les mêmes, tout comme la syntaxe et la ponctuation. Les idées et leur interprétation linguistique seraient indépendantes du substrat utilisé pour les communiquer.

L'idée semble raisonnable au premier abord, mais elle ne reflète pas la réalité de l'esprit sentant et conscient. Peut-on dire que les contenus de notre esprit sont indépendants du substrat organique qui les porte, c'est-à-dire le cerveau et l'organisme vivant auquel il appartient ? Pas vraiment. Les récits que nous élaborons, les personnages et les événements qui les composent, les commentaires que nous émettons sur ces personnages, les émotions que nous leur attribuons, et celles que nous éprouvons en assistant aux événements et en réagissant en conséquence, ne sont pas indépendants de leur substrat organique. L'idée selon laquelle le rapport qu'entretient le contenu de notre esprit avec le système nerveux et l'organisme vivant serait comparable à celui qu'entretient le texte que je suis en train d'écrire avec les nombreux substrats différents qui peuvent le porter – stylo, machine à écrire, ordinateur – est biaisée.

Une grande partie (et parfois la quasi-totalité) de nos expériences mentales ne se limitent pas strictement aux objets, aux personnages et aux gaffes qui composent les récits qui voguent sur les flots de notre esprit. Une grande partie d'entre elles incluent également l'expérience de l'organisme lui-même, qui dépend de l'état plus ou moins bon de la vie au sein de cet organisme. En définitive, la meilleure manière de décrire nos expériences mentales est de parler d'expériences d'« existence », tandis que d'« autres contenus de l'esprit » s'écoulent. Les « autres contenus de l'esprit » s'écoulent parallèlement aux « contenus d'existence ». En outre, l'« existence » et les « autres contenus de l'esprit » dialoguent entre eux. L'une comme l'autre peut dominer le moment mental en fonction de la richesse de leurs descriptions respectives. La composante « existence » est toujours présente, même lorsqu'elle n'est pas dominante ; elle est faite d'éléments neuronaux et non neuronaux. Dire que notre esprit conscient serait indépendant de son substrat organique reviendrait à affirmer qu'il est possible de se passer de l'édifice de l'« existence », et que seuls les « autres contenus mentaux » comptent réellement. Cela reviendrait à nier le fait selon lequel le fondement des expériences mentales est, avant toute chose, *l'expérience/la conscience d'un type d'organisme particulier, dans un état particulier.*

Le substrat compte ; il doit compter parce que *ce substrat* est *l'organisme de la personne qui est en train de vivre l'histoire et d'y réagir affectivement.* Cette même personne est équipée d'un système affectif, qui se trouve « emprunté » pour donner un semblant de vie aux émotions des personnages représentés dans l'histoire.

16.

Perte de conscience

L'éminent philosophe John Searle aimait à commencer ses cours sur la conscience par une définition lapidaire, qui constituait sa réponse satisfaisante au problème. La conscience n'a rien de mystérieux, disait-il. La conscience, c'est ce qui disparaît lorsqu'on est anesthésié ou lorsqu'on sombre dans un profond sommeil sans rêves[1]. Un début de cours accrocheur – mais qui ne suffit pas à définir la conscience, et qui s'avère même trompeur quant à l'anesthésie.

La conscience est certes indisponible lors d'un sommeil sans rêve et pendant une anesthésie. Elle est également absente en cas de coma ou d'état végétatif, elle peut être compromise par la drogue ou l'alcool, et peut nous échapper momentanément lorsque nous nous évanouissons. Les patients atteints du terrible syndrome neurologique d'enfermement (*locked-in syndrome*) ne perdent *pas* la conscience, contrairement aux apparences : ils sont incapables de communiquer et semblent ne pas être conscients d'eux-mêmes et de leur environnement, mais ils le sont parfaitement, en réalité.

Malheureusement, l'anesthésie et les maladies neurologiques qui entravent la conscience ne le font pas en prenant pour cible les mécanismes de construction de l'esprit conscient que j'ai décrits dans les précédents chapitres. L'anesthésie et les troubles neurologiques sont des dispositifs assez grossiers[2]. Ils ciblent des *fonctions essentielles à la conscience normale* et non la conscience elle-même. Comme je l'ai expliqué plus haut, les puissants produits anesthésiants utilisés lors d'une opération chirurgicale sont des outils rapides, qui suspendent instantanément le *sentir/détecter*, cette intéressante faculté que j'ai évoquée à propos des bactéries *dépourvues d'esprit et de conscience*. Les données sont claires à cet égard : les bactéries et les plantes ont la faculté de sentir, mais ne possèdent ni esprit ni conscience. Les produits anesthésiants suspendent leur faculté de sentir et les mettent littéralement en hibernation, sans avoir aucune action spécifique affectant la conscience, cela va sans dire, puisque c'est une faculté dont ne disposent ni les bactéries ni les plantes.

Avoir la capacité de sentir ne donne pas accès à l'esprit ou la conscience ; mais en l'absence de cette faculté, il est impossible d'élaborer les dispositifs qui progressivement font naître l'esprit, les sentiments et les processus autoréférentiels, les ingrédients qui permettent finalement l'apparition d'un *esprit conscient*. En bref, selon moi, les anesthésiques n'altèrent pas la conscience proprement dite : ils altèrent le sentir. Qu'ils aient finalement pour effet d'empêcher la mise en place de l'esprit conscient est un effet particulièrement utile et pratique, puisque nous voulons pouvoir être opérés sans ressentir de douleur consciente.

Il existe d'autres exemples de *perturbation* du processus normal d'assemblage de l'esprit conscient : l'alcool, de multiples types d'analgésiques et mille et une formes de drogues consommées par l'humanité depuis des millénaires pour des raisons personnelles et sociales. Ces cas de figure sont un peu plus pertinents. Ces substances peuvent bel et bien parasiter les dernières étapes de l'assemblage de la conscience, ou entraver une étape précise. Étranges pratiques que voilà. Les raisons sociales et culturelles qui poussent les humains à user et abuser des stupéfiants ou de l'alcool ne datent pas d'hier : elles sont liées à leurs effets sur la physiologie des sentiments. Les consommateurs ne cherchent pas spécialement à modifier leur conscience ; ils cherchent plutôt à modifier certains de leurs sentiments homéostatiques, tels que la douleur et le malaise, que nous voulons tous expulser de nous-mêmes, ou encore le bien-être et le plaisir, que nous cherchons tous à maximiser dès que possible.

Il va sans dire que toute drogue capable de se frayer un chemin dans la demeure des sentiments homéostatiques a également un pied dans la salle des machines de la conscience, qui est fondée en grande partie sur les sentiments homéostatiques. Ce lien explique pourquoi les drogues parasitent le fonctionnement de la conscience.

Et qu'en est-il de la syncope, le banal « évanouissement » ? Nous nous évanouissons lorsque le débit sanguin qui alimente le tronc cérébral et le cortex chute en dessous d'un seuil rédhibitoire. Les neurones des régions cérébrales participant à l'assemblage des sentiments (notamment le tronc cérébral) manquent soudain d'oxygène et de nutriments : en conséquence, une large part du fonctionnement cérébral est suspendue. Les informations provenant de l'intérieur de l'organisme ne peuvent plus remonter jusqu'au système nerveux central et l'apport des sentiments à la conscience est brutalement interrompu. Le tonus musculaire est tout aussi compromis que la conscience de soi et de son environnement, c'est pourquoi les victimes se pâment, vacillent et s'affalent par terre, comme le faisaient les patients au cours des démonstrations de Jean-Martin Charcot lors de ses cours magistraux à l'hôpital de la Salpêtrière, à Paris. Charcot fut l'un des pionniers de la neurologie et de la psychiatrie pendant la seconde moitié du XIXe siècle. C'est l'étude d'une maladie qui n'existe plus, l'hystérie, qui l'a rendu célèbre. Sigmund Freud assista à plusieurs de ses cours ; ils lui profitèrent grandement.

Précisons toutefois que l'établissement d'un lien entre la perte de conscience et le tronc cérébral est une théorie plus récente, formulée par une autre figure historique, le neurologue Fred Plum[3]. Mon analyse du rôle clé du tronc cérébral dans la conscience est liée à l'idée que les sentiments sont l'expression de rouages homéostatiques et qu'ils sont l'un des piliers de la production de la conscience. Nous savons aujourd'hui que plusieurs parties de la machinerie

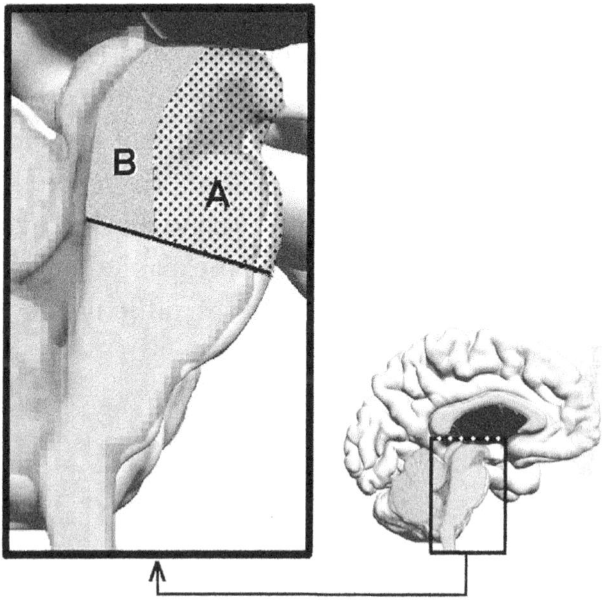

Figure IV-1. La vue de détail montre un agrandissement de la région du tronc cérébral. Les lésions du secteur B sont associées à une perte de conscience. Les lésions du secteur A sont associées à des déficiences motrices.

gérant à la fois l'homéostasie et les sentiments sont situées dans le secteur supérieur du tronc cérébral, au-dessus du point d'entrée du nerf trijumeau, et tout particulièrement dans la partie arrière de ce secteur (la zone B dans la figure IV-1). On sait que les lésions affectant ce secteur du tronc cérébral peuvent plonger le patient dans le coma[4]. Fait étrange, les lésions de la partie frontale de ce même secteur (zone A) ne sont pas une cause de coma, et ne perturbent en rien la conscience, mais elles produisent le syndrome d'enfermement auquel j'ai fait référence plus haut. Les victimes de ce syndrome tragique sont éveillées et conscientes, mais presque incapables de bouger – et éprouvent donc de grandes difficultés à communiquer.

17.

Le rôle des cortex cérébraux et du tronc cérébral dans la fabrique de la conscience

Certains affirment que les cortex sensoriels postérieurs, contrairement aux cortex antérieurs et préfrontaux, sont le socle naturel de la conscience. Il y a un peu de vrai dans cette idée – un peu seulement. La réalité est plus complexe.

Les cortex sensoriels « postérieurs », qui comprennent les « cortex sensoriels fondamentaux » de la vision, de l'ouïe et du toucher, sont les premiers créateurs et

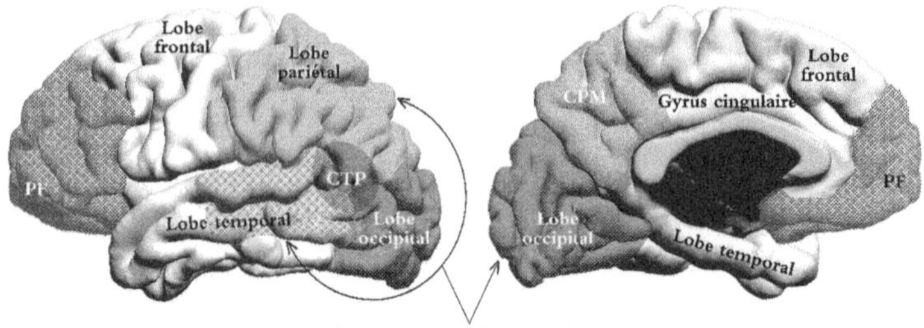

Figure IV-2. Les principales régions du cortex cérébral humain. PF : cortex préfrontal ; CPM : cortex postéro-médians ; CTP : carrefour temporo-pariétal.

les premiers exposants des images visuelles, sonores et tactiles. Mais les cortex associatifs « supérieurs » de chaque modalité sensorielle qui s'entrecroisent sur le carrefour temporo-pariétal (CTP) sont également impliqués dans la construction des images et dans l'assemblage des images composites (les principaux cortex cérébraux sont indiqués dans la figure IV-2).

En réalité, la totalité du territoire cortical latéral et postérieur est impliqué dans la fabrication et l'affichage des images – ce qui revient à dire qu'il compte parmi les bâtisseurs de l'esprit. Mais qu'en est-il de la conscience ? me demanderez-vous. Ce territoire cérébral aide-t-il également l'esprit en question à devenir conscient ? En partie – du moins, semble-t-il. La conscience est un dispositif fondé sur les images ; elle requiert donc un substrat très riche en images – et de fait, les cortex sensoriels postérieurs n'en sont guère avares. Certaines régions des cortex en question facilitent l'assimilation des images, et orchestrent probablement leur séquençage lorsqu'elles deviennent conscientes. Mais nous avons besoin d'une autre composante pour devenir conscients des images que les cortex postérieurs fabriquent et séquencent avec facilité : il faut que nos connaissances certifient l'appartenance de ces images – qu'elles nous montrent que ces images appartiennent à un organisme précis doué de caractéristiques physiques uniques et d'un parcours mental non moins unique, ancré dans la mémoire. Pour ceux qui estiment que les cortex sensoriels postérieurs sont les seules sources de la conscience, c'est là que les choses se compliquent : *le principal mécanisme permettant de conférer la propriété des images demeure la présence de sentiments homéostatiques – or leur présence ne dépend pas directement des cortex postérieurs.* Comme nous avons pu le voir, les sentiments sont des processus hybrides : les images qui leur sont associées représentent une interaction entre le système nerveux intéroceptif et les viscères proprement dits de notre monde intérieur.

Les structures qui prennent en charge les sentiments sont situées (1) dans la partie périphérique du système intéroceptif, (2) dans les noyaux du tronc cérébral, (3) dans le cortex cingulaire et (4) dans les cortex insulaires. Les informations dont dispose la région insulaire – et son architecture même – lui permettent d'intégrer les représentations de nombreuses sources de dispositifs intérieurs, notamment celles qui correspondent aux interactions entre les sondes sensorielles et les viscères proprement dits. Les niveaux supérieurs du processus des sentiments reposent probablement sur le secteur du cortex insulaire, qui achève et affine le travail accompli par les nombreuses structures qui l'ont précédé – une longue chaîne qui commence au ganglion spinal et à la moelle épinière, et qui se poursuit dans le tronc cérébral, notamment le noyau parabrachial (NPB), la substance grise périaqueducale (GPA) et le noyau du tractus solitaire (NTS). Le cortex insulaire et les composantes subcorticales qui l'entretiennent forment un « centre de l'affect » (voir figures IV-3 et 4).

Une question essentielle se pose alors : comment ces deux ensembles de structures – les cortex sensoriels postérieurs et le « centre de l'affect » – peuvent-ils s'associer pour produire l'esprit conscient ? J'envisage deux possibilités. La première impliquerait des projections neuronales depuis le « centre de l'affect » jusqu'à l'« ensemble sensoriel postérieur » et *vice versa*. La seconde impliquerait une activation à peu près simultanée des deux ensembles, ce qui conduirait à la production d'un ensemble synchronisé. Dans un cas comme dans l'autre, l'objectif ultime – l'édification de l'esprit conscient – dépend des *deux* ensembles cérébraux. Nous ne pouvons pas « restreindre » la conscience à l'un ou à l'autre. Par ailleurs, un autre secteur des cortex cérébraux pourrait jouer un rôle dans la coordination des mécanismes de l'esprit conscient. Il s'agit du secteur des CPM (cortex postéro-médians, voir figure IV-2). Il englobe les cortex situés dans les surfaces médianes (internes) et postérieures des hémisphères cérébraux. Cette région pourrait bien orchestrer la participation des autres cortex cérébraux dans l'élaboration de l'esprit conscient.

Qu'en est-il des cortex frontaux ? Sont-ils impliqués dans l'élaboration de la conscience ? Les cortex antérieurs frontaux ou préfrontaux (PF sur la figure IV-2) ne jouent *pas* de rôle déterminant dans la production de l'esprit conscient. L'étude des lésions cérébrales classiques chez l'humain montre que les

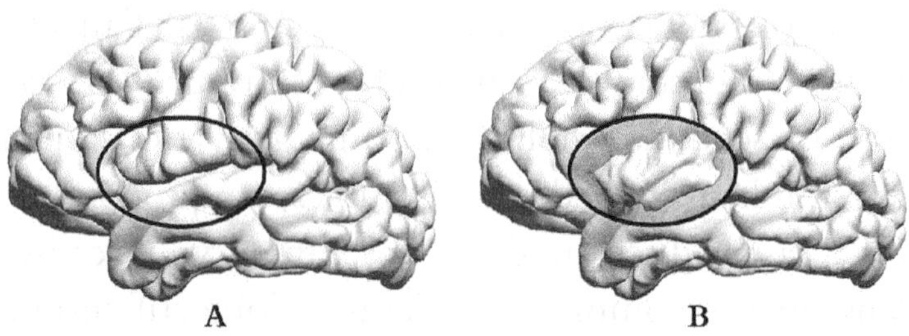

Figure IV-3. Le cortex insulaire est enfoui dans les profondeurs des deux hémisphères. La forme ovale (cadre A) indique le territoire cortical sous lequel se trouve le cortex insulaire proprement dit, comme le montre le cadre B.

dommages portés à cette zone (voire son ablation chirurgicale) ne compromettent en rien les mécanismes de base de la conscience. Les cortex frontaux antérieurs sont impliqués dans la manipulation des images et favorisent l'activation, le séquençage et le positionnement spatial des images fabriquées dans les zones postérieures du cortex postérieur. L'orchestration due à certaines régions du cortex sensoriel postérieur et des cortex postéro-médians joue également un rôle. Il apparaît que le cortex frontal semble jouer un rôle essentiel dans l'assemblage de nos vastes panoramas mentaux ; la conscience illumine littéralement ces panoramas, et les identifie comme nôtres.

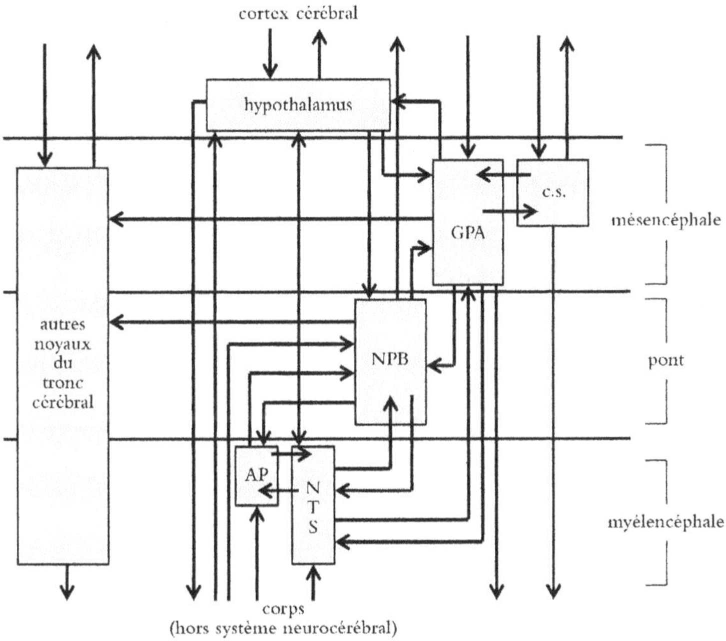

Figure IV-4. Diagramme des principales structures du tronc cérébral impliquées dans les mécanismes de l'affect, leurs interconnexions, leurs sources d'informations entrantes et les cibles de leurs informations sortantes. Substance grise périaqueducale (GPA), colliculi supérieurs (c.s.), noyau parabrachial (NPB), area postrema (AP), noyau du tractus solitaire (NTS)

Le secteur frontal contribue largement aux opérations mentales intelligentes (raisonnement, prise de décision, constructions créatives), mais il ne participe visiblement pas à l'enrichissement de nos connaissances fondamentales dont dépend la conscience de base. Ce n'est pas lui qui authentifie le propriétaire de l'esprit et qui lui octroie la propriété, mais il est déterminant pour la production de l'*esprit étendu*, l'univers mental de grande envergure qui constitue l'apogée des capacités humaines[1].

18.

Machines sensibles et machines conscientes

L'expression ultime de la robotique a un nom : intelligence artificielle (IA). Et avant toute chose, je tiens à souligner le terme « artificiel », qui ne saurait être plus approprié. L'intelligence des appareils qui rendent notre quotidien plus efficace et confortable n'est absolument pas « naturelle », et leur mode de construction n'a rien de « naturel » non plus. Il n'en reste pas moins que les inventeurs et les ingénieurs brillants qui ont donné naissance à la robotique et à l'intelligence artificielle ont bel et bien trouvé leur source d'inspiration dans les organismes naturels, vivants, et tout particulièrement dans la débrouillardise avec laquelle les êtres vivants surmontent leurs problèmes, et par l'économie et l'efficacité de leurs mouvements.

On aurait pu s'attendre à ce que les pionniers de l'IA et de la robotique puisent leur inspiration dans la totalité que constituent des êtres tels que nous : avec nos ressources d'efficacité et d'organisation, mais avec aussi la ressource des sentiments concernant les objets auxquels s'appliquent notre efficacité et notre organisation ; toute la joie, voire l'euphorie que nous procure ce que nous faisons (et ce que les autres nous font) ; la frustration, la tristesse et la douleur, aussi, selon les cas.

Ces brillants pionniers n'en ont rien fait : ils ont privilégié une approche économique, sont allés droit au but. Ils ont essayé de simuler les caractéristiques jugées les plus essentielles et utiles – l'intelligence de base, pourrait-on dire – et ont laissé de côté tout ce qu'ils jugeaient probablement superflu, voire problématique : *tout ce qui touche au sentiment.* De leur point de vue, l'affect était sans doute une chose légèrement surannée, voire complètement démodée, un vestige abandonné sur le bord du chemin dans la marche triomphante vers la clarté de pensée, l'exactitude dans la résolution des problèmes et la précision de l'action.

Au regard de l'histoire, leurs priorités étaient compréhensibles. Il est indéniable que ce choix a engendré d'excellents résultats, et une richesse non moins impressionnante. J'émets toutefois une réserve : en procédant de cette manière, les pionniers ont montré qu'ils avaient mal compris l'évolution humaine et, ce faisant, ils ont limité la portée de l'intelligence artificielle et de la robotique qui en dérive, du point de vue du potentiel créatif comme du niveau maximal d'intelligence.

L'erreur, dans cette conception de l'évolution, devrait apparaître clairement, au vu des sujets explorés dans ce livre. L'univers de l'affect – l'expérience des sentiments qui découlent des pulsions, des motivations, des ajustements homéostatiques et des émotions – *est un précurseur historique de l'intelligence*, efficace et particulièrement flexible. C'est grâce à l'affect que la créativité humaine a pu naître et grandir. L'univers de l'affect était nettement au-dessus des compétences aveugles et dissimulées des bactéries, mais il demeure un cran en dessous de l'intelligence humaine au sens propre. Et pour cause : il a servi de tremplin à l'intelligence supérieure qui s'est peu à peu développée et étendue dans les esprits conscients. L'univers de l'affect demeure une source et un instrument pour le développement de l'autonomie que nous autres humains avons progressivement conquise.

Le moment est venu d'admettre ces faits et d'ouvrir un nouveau chapitre dans l'histoire de l'intelligence artificielle et de la robotique. Nous pouvons à l'évidence développer des machines capables de fonctionner selon la logique générale des « sentiments homéostatiques ». Pour ce faire, il nous faudra équiper les robots d'un « corps » devant être régulé et ajusté pour subsister. Autrement dit, nous devons ajouter – presque paradoxalement – un degré de vulnérabilité à la robustesse tant désirée par les professionnels de la robotique. Nous pouvons aujourd'hui y parvenir en plaçant des sondes d'un bout à l'autre de la structure du robot, qui peut ainsi détecter et enregistrer l'état (plus ou moins optimal) de son propre corps, et assimiler les informations correspondantes. Le nouveau domaine de la « robotique molle » rend cette évolution possible en remplaçant les structures rigides par des structures flexibles et modulables. Autre nécessité : transférer cette influence du corps « sentant et senti » aux composantes de l'organisme qui traitent les informations relatives aux conditions extérieures à la machine et y répondent de façon à sélectionner la réaction la plus efficace (intelligente) possible. Autrement dit, ce que la machine « ressent » dans son corps aura son mot à dire dans le comportement à adopter face au contexte extérieur. Ce « mot à dire » améliore *la qualité et l'efficacité de la réaction* : il donne au robot un comportement plus intelligent qu'il ne l'aurait été sans les indications issues de son monde intérieur. Les machines sensibles ne sont pas des robots froids et prévisibles. D'une certaine manière, elles prennent soin d'elles-mêmes et parviennent à compenser leurs déficiences.

Ces machines « sensibles » finissent-elles par devenir des machines « conscientes » ? Pas si vite ! Elles développent bel et bien des éléments fonctionnels liés à la conscience, les sentiments étant l'une des étapes de l'apparition de la conscience. Mais les « sentiments » de ces machines sensibles ne ressemblent pas à ceux des êtres vivants. Le « degré » de conscience potentiel dont elles pourraient jouir dépendra de la complexité de leurs représentations internes, qui portent à la fois sur l'« intérieur de la machine » et sur son « environnement ».

Si le contexte s'y prête, une nouvelle génération de « machines sensibles » pourrait bien devenir les assistants efficaces d'humains réellement sensibles ; ils seraient alors des hybrides, mi-naturels, mi-artificiels.

Fait tout aussi important : cette nouvelle génération de machines constituerait un laboratoire unique pour l'étude du comportement et de l'esprit humains dans toutes sortes de contextes réalistes[1].

PARTIE V

En toute honnêteté : un épilogue

C'est à la vie et à la sélection naturelle que nous devons la multitude d'organismes que nous trouvons autour de nous – et notre propre présence. Pendant des milliards d'années, divers organismes se sont accrochés à la vie, contre vents et marées, pendant des périodes plus ou moins limitées. Lorsque leur existence arrivait à son terme de façon naturelle ou accidentelle, ils ont laissé leur place à d'autres organismes vivants. Les humains, arrivants tardifs dans cette saga, ne se sont pas contentés de perdurer et de maîtriser leur environnement : ils ont adopté des comportements de plus en plus complexes, ont créé pour eux des environnements adaptés et ont fini par dominer la planète. Si le vaste panorama des réussites humaines m'intéresse tout particulièrement, c'est parce que je cherche à identifier les dispositifs qui les ont rendues possibles. Quelles sont les caractéristiques et les stratégies particulières qui nous ont conduits à un tel triomphe ? S'agit-il de véritables innovations humaines, inventées de toutes pièces pour surmonter les coups durs, ou s'agit-il en fait de reconversions, recyclant des solutions déjà disponibles dans l'héritage biologique ?

En partant à la recherche de tels dispositifs, l'esprit et la conscience humains constituent un point de départ pour le moins logique. Difficile d'imaginer un outil plus directement impliqué dans la traversée qui nous a menés à notre prééminence actuelle. Notre puissant esprit conscient a été appuyé par de remarquables capacités d'apprentissage et de mémoire et par d'extraordinaires capacités de raisonnement, de décision et de création, qui sont toutes rehaussées par des facultés linguistiques dans les domaines verbal, mathématique et musical. Équipés aussi richement, les humains seraient passés en un temps record du stade d'« êtres basiques » au stade d'« êtres doués de sentiments et de connaissances ». Une telle prouesse les aurait bien entendu conduits à inventer l'art et la religion, la science et la technologie, la politique et l'économie, sans oublier la philosophie ;

en un mot, à créer de toutes pièces ce que nous appelons, avec notre arrogance et notre prétention insatiable, les « cultures humaines ». Après avoir remodelé la Terre – la biomasse comme les structures physiques élémentaires – pour la plier à leurs desseins, les humains se prépareraient à traiter de la même manière ce qui se trouve dans l'espace intergalactique.

Cette vision des choses selon laquelle l'esprit conscient et les cultures humaines nous aident bel et bien à supporter les affres de l'existence contient une évidente part de vérité – mais elle néglige plusieurs faits importants. Malheureusement, ces omissions aboutissent à une interprétation faussée des accomplissements et des malheurs de l'humanité – et à une vision faussée de notre avenir potentiel.

Dire que les capacités d'adaptation humaines et non humaines sont radicalement différentes traduit une vision exceptionnaliste des facultés humaines. Or l'exceptionnalisme est un parti pris profondément erroné. Il glorifie les humains, minimise indûment les non-humains, et néglige l'interdépendance et l'entraide des êtres vivants, depuis les plus microscopiques jusqu'aux humains. Et au bout du compte, il ne parvient même pas à déceler la présence des puissants *motifs* et *mécanismes* qui se manifestent dans la nature depuis l'apparition de la vie, et même dans la physique et la chimie qui l'ont précédée. Or, selon toute vraisemblance, on leur doit, au moins en partie, le schéma directeur des réalisations culturelles communément attribuées à l'être humain.

Le motif fondateur est la vie elle-même, équipée d'un ensemble d'équilibres et de relations chimiques permettant la mise en place de l'*homéostasie* et de l'ensemble des *directives homéostatiques* qui nous alertent quand notre situation s'écarte de ce qui est compatible avec les exigences vitales et qui nous intiment l'ordre de redresser la barre. Tous les organismes, depuis les bactéries jusqu'aux humains, s'appuient sur ce motif fondamental.

Les motifs et mécanismes qui sous-tendent ces exigences homéostatiques recèlent eux aussi de surprenantes leçons d'humilité. Je fais référence à l'intelligence, la capacité à opposer des solutions satisfaisantes aux problèmes posés par la vie – qu'il s'agisse de se procurer les ressources énergétiques élémentaires telles que les nutriments ou l'oxygène, de contrôler le territoire et de se défendre des prédateurs – et à développer des stratégies susceptibles de surmonter ces problèmes – confrontation ou coopération sociales, par exemple.

Là encore, c'est dans l'univers des bactéries que nous trouvons le premier et le meilleur exemple de ces intelligences. Les bactéries surmontent les défis évoqués ci-dessus sans aucun problème. Leur intelligence est non explicite. Elle ne repose pas sur un esprit possédant des images de la structure de l'organisme ou du monde extérieur. Elle ne repose pas sur les sentiments, ces baromètres de l'état interne de l'organisme, ni sur le fait, qui en résulte, d'avoir la propriété de l'organisme, avec la perspective exceptionnelle qui découle de cette propriété : en un mot, elle ne repose pas sur la conscience. Et pourtant, la compétence cachée, non explicite et dépourvue d'esprit de ces organismes si peu complexes leur a permis de subsister des milliards d'années durant, fournissant un puissant schéma directeur aux intelligences douées d'esprit, explicites et manifestes qui émergeraient plus tard chez les créatures multicellulaires dotées d'un cerveau que nous sommes. La faculté de sentir/détecter que possèdent les bactéries et les plantes est simple, mais d'une importance considérable : ce mécanisme innovant a permis à des organismes simples de détecter des stimuli (la température, la présence d'autrui) et d'y réagir de manière à se protéger et à anticiper sur l'avenir. Curieusement, cette cognition balbutiante préfigurait le futur rôle des sentiments manifestes dans l'édification de l'esprit.

L'apparition de l'esprit, fondé sur une cartographie de schémas manifestes et multidimensionnels a marqué une avancée de taille, qui a permis deux choses : la production d'images représentant le monde extérieur à l'organisme et celle d'images représentant son monde intérieur. Les images représentant l'extérieur se sont mises à guider, avec succès, les actions de l'organisme dans son environnement. De leur côté, les sentiments, processus hybrides et interactifs de l'intérieur, à la fois mentaux et physiques, devenaient les plus incroyables catalyseurs d'actions adaptatives et créatives depuis l'apparition des systèmes nerveux, il y a quelque 500 millions d'années. Leur rôle : guider et inciter les êtres qui en étaient équipés – et poser les premières pierres de la conscience.

L'apparition et la structure des phénomènes sociaux et des instruments remarquables des cultures humaines doivent être appréciées dans le contexte des phénomènes biologiques qui les ont précédés et qui les ont rendus possibles. Leur longue liste comprend *la régulation homéostatique, les intelligences non explicites, le sentir, la machinerie servant à la fabrication des images, les sentiments en tant que traducteurs mentaux de l'état de vie au sein d'un organisme complexe, la conscience elle-même et les mécanismes de coopération sociale.* Cette dernière a été précédée par une autre capacité particulièrement puissante dans l'histoire du vivant : la « détection du quorum » chez les bactéries. Le microbiome humain constitue une parfaite illustration des conséquences extraordinaires de la coopération entre les espèces : on y trouve des milliards de bactéries qui coopèrent et qui permettent à chacun de nous de rester en bonne santé en trouvant en retour dans notre propre vie humaine les ressources nécessaires à leur cycle de vie. Autre illustration, la coopération extraordinaire qu'on trouve dans les forêts, qui lie arbres et champignons, au-dessus et au-dessous du sol.

Nous devrions en effet admirer et porter aux nues les réalisations uniques de l'esprit humain conscient et toutes les innovations stupéfiantes qu'on lui doit, qui dépassent de loin toutes les solutions que la nature avait déjà prodiguées au cours des temps. Mais nous devons trouver un équilibre dans notre récit de l'évolution humaine. Nous devons reconnaître le fait que les dispositifs fondamentaux que nous avons utilisés et qui nous ont conduits à une position dominante dans notre environnement consistent en des transformations et des améliorations de dispositifs précédemment utilisés par d'autres formes de vie tout au long d'une longue histoire de réussites individuelles et sociales. Nous devons respecter l'intelligence phénoménale de la nature elle-même et des œuvres qu'elle a conçues, et qui restent imparfaitement comprises.

Derrière l'harmonie ou l'horreur que nous reconnaissons dans les grandes œuvres de l'art créé par l'intelligence et la sensibilité humaines se cachent des sentiments connexes de bien-être, de plaisir, de souffrance et de douleur. Derrière ces sentiments, il y a des états de vie qui suivent ou violent les exigences de l'homéostasie. Et sous ces états de vie, il y a des processus chimiques et physiques, qui ont pour tâche de rendre la vie viable et d'accorder la musique des étoiles et des planètes.

Reconnaître les priorités et l'interdépendance peut s'avérer utile pour faire face aux ravages que nous autres humains avons infligés à la Terre et à sa vie, ravages qui sont probablement responsables de certaines des catastrophes auxquelles nous sommes actuellement confrontés ; je pense notamment aux changements climatiques et aux pandémies. Cette reconnaissance nous inciterait en outre à écouter ceux qui consacrent leur vie aux problèmes de grande envergure auxquels nous sommes confrontés ; et à recommander des solutions sages, éthiques, pratiques et compatibles avec la grande scène biologique qu'occupe l'être humain. Après tout, l'espoir est permis. Peut-être que l'optimisme l'est aussi[1].

Notes et références

PARTIE I
DE L'ÊTRE

6. Être, ressentir et connaître

1. Ndt. Quand la distinction est significative, nous traduisons *sense* par « sentir » et *feel* par « ressentir » – *feeling* est rendu par « sentiment ».
2. J'ai abordé ces faits surprenants dans mon précédent ouvrage, *L'Ordre étrange des choses. La vie, les sentiments et la fabrique de la culture*, Paris, Odile Jacob, 2017. Les toutes premières créatures de l'histoire du vivant étaient beaucoup plus intelligentes qu'on a tendance à le penser. Pour un compte rendu récent de l'intersection entre biologie et culture, voir Antonio Damasio et Hanna Damasio, « How life regulation and feelings motivate the cultural mind : A neurobiological account », *in* O. Houdé et G. Borst (éd.), *The Cambridge Handbook of Cognitive Development*, Cambridge, Cambridge University Press, 2020.
3. La « détection du quorum » est un exemple frappant de l'extraordinaire intelligence des bactéries et d'autres organismes unicellulaires. Voir Stephen P. Diggle, Ashleigh S. Griffin, Genevieve S. Campbell et Stuart A. West, « Cooperation and conflict in quorum-sensing bacterial populations », *Nature*, 2007, 450 (7168), p. 411-414 ; et Kenneth H. Nealson et J. Woodlet Hastings, « Quorum sensing on a global

scale : Massive numbers of bioluminescent bacteria make milky seas », *Applied and Environmental Microbiology*, 2006, 72 (4), p. 2295-2297.

Les études suivantes se penchent en détail sur les processus du vivant et sur les capacités extraordinaires des organismes unicellulaires.

Arto Annila et Erkki Annila, « Why did life emerge ? », *International Journal of Astrobiology*, 2008, 7 (3-4) p. 293-300 ; Thomas R. Cech, « The RNA worlds in context », *Cold Spring Harbor Perspectives in Biology*, 2012, 4 (7), a006742 ; Richard Dawkins, *The Selfish Gene : 30th Anniversary Edition*, New York, Oxford University Press, 2006 ; Christian de Duve, *Singularities : Landmarks in the Pathways of Life*, Cambridge, Cambridge University Press, 2005 ; Christian de Duve, *Vital Dust : The Origin and Evolution of Life on Earth*, New York, Basic Books, 1995 ; Freeman Dyson, *Origins of Life*, New York, Cambridge University Press, 1999 ; Gerald Edelman, *Neural Darwinism : The Theory of Neuronal Group Selection*, New York, Basic Books, 1987 ; Gregory D. Edgecombe et David A. Legg, « Origins and early evolution of arthropods », *Palaeontology*, 2014, 57 (3), p. 457-468 ; Ivan Erill, Susana Campoy et Jordi Barbé, « Aeons of distress : An evolutionary perspective on the bacterial SOS response », *FEMS Microbiology Reviews*, 2007, 31 (6), p. 637-656 ; Robert A. Foley, Lawrence Martin, Marta Mirazón Lahr et Chris Stringer, « Major transitions in human evolution », *Philosophical Transactions of the Royal Society B*, 2016, 371 (1698), 20150229 ; Tibor Ganti, *The Principles of Life*, New York, Oxford University Press, 2003 ; Daniel G. Gibson, John I. Glass, Carole Lartigue, Vladimir N. Noskov, Ray-Yuan Chuang, Mikkel A. Algire, Gwynedd A. Benders *et al.*, « Creation of a bacterial cell controlled by a chemically synthesized genome », *Science*, 2010, 329 (5987), p. 52-56 ; Paul G. Higgs et Niles Lehman, « The RNA world : Molecular cooperation at the origins of life », *Nature Reviews Genetics*, 2015, 16 (1), p. 7-17 ; Alexandre Jousset, Nico Eisenhauer, Eva Materne et Stefan Scheu, « Evolutionary history predicts the stability of cooperation in microbial communities », *Nature Communications*, 2013, 4, art. 2573 ; Gerald F. Joyce, « Bit by bit : The Darwinian basis of life », *PLoS Biology*, 2012, 10 (5), e1001323 ; Stuart Kauffman, « What is Life ? », *Israel Journal of Chemistry*, 2010, 55 (8), p. 875-879 ; Daniel B. Kearns, « A field guide to bacterial swarming motility », *Nature Reviews Microbiology*, 2010, 8 (9), p. 634-644 ; Maya E. Kotas et Ruslan Medzhitov, « Homeostasis, inflammation, and disease susceptibility », *Cell*, 2015, 160 (5), p. 816-827 ; K. E. Kram et S. E. Finkel, « Rich medium composition affects *Escherichia coli* survival, glycation, and mutation frequency during long-term batch culture », *Applied and Environmental Microbiology*, 2015, 81 (13), p. 4442-4450 ; Derek Le Roith, Joseph Shiloach, Jesse Roth et Maxine A. Lesniak, « Evolutionary origins of vertebrate hormones : Substances similar to mammalian insulins are native to unicellular eukaryotes », *Proceedings of the National Academy of Sciences*, 1980, 77 (10), p. 6184-6188 ; Richard Leakey, *The Origin of Humankind*, New York, Basic Books, 1994 ; Michael Levin, « The computational boundary of a "self" : Developmental bioelectricity drives multicellularity and scale-free cognition », *Frontiers in Psychology*, 2019, 10, 2688 ; Richard C. Lewontin. *Biology as Ideology : The Doctrine of DNA*, New York, Harper Perennial, 1991 ; Mark Lyte et John F. Cryan. *Microbial Endocrinology : The Microbiota-Gut-Brain Axis in Health and Disease*, New York, Springer, 2014 ; Alberto P. Macho et Cyril Zipfel, « Plant PRRs and the activation of innate immune signaling », *Molecular Cell*, 2014, 54 (2), p. 263-272 ; Lynn Margulis, *Symbiotic Planet : A New View of Evolution*, New York, Basic Books, 1998 ; Humberto R. Maturana et Francisco J. Varela, « Autopoiesis. The organization of living », *in* H. R. Maturana et F. J. Varela (éd.), *Autopoiesis and Cognition*, Dordrecht, Reidel Publishing Co., 1980, p. 73-155 ; Margaret J. McFall-Ngai, « The importance of microbes in animal development : Lessons from the squid-vibrio symbiosis », *Annual Review of Microbiology*, 2014, 68, p. 177-194 ; Stephen B. McMahon, Federica La Russa et David L. H. Bennett, « Crosstalk between the nociceptive and immune systems in host defense and disease », *Nature Reviews Neuroscience*, 2015, 16 (7), p. 389-402 ; Lucas John Mix, « Defending definitions of life », *Astrobiology*, 2015, 15 (1), p. 15-19 ; Robert Pascal, Addy Pross et John D. Sutherland, « Towards an evolutionary theory of the origin of life based on kinetics and thermodynamics », *Open Biology*, 2013, 3 (11), 130156 ; Alexandre Persat, Carey D. Nadell, Minyoung Kevin Kim, Francois Ingremeau, Albert Siryaporn, Knut Drescher, Ned S. Wingreen, Bonnie L. Bassler, Zemer Gitai et Howard A. Stone, « The mechanical world of bacteria », *Cell*, 2015, 161 (5), p. 988-997 ; Abe Pressman, Celia Blanco et Irene A. Chen, « The RNA world as a model system to study the origin of life », *Current Biology*, 2015, 25 (19), p. R953-R963 ; Paul B. Rainey et Katrina Rainey, « Evolution of cooperation and conflict in experimental bacterial populations », *Nature*, 2003, 425 (6953), p. 72-74 ; Kepa Ruiz-Mirazo, Carlos

Briones et Andrés de la Escosura, « Prebiotic systems chemistry : New perspectives for the origins of life », *Chemical Reviews*, 2014, 114 (1), p. 285-366 ; Erwin Schrodinger, *What is Life ?*, Dublin, 1943 [publié en 1944] ; Vanessa Sperandio, Alfredo G. Torres, Bruce Jarvis, James P. Nataro et James B. Kaper, « Bacteria-host communication : The language of hormones », *Proceedings of the National Academy of Sciences*, 2003, 100 (15), p. 8951-8956 ; Jan Spitzer, Gary J. Pielak et Bert Poolman, « Emergence of life : Physical chemistry changes the paradigm », *Biology Direct*, 2015, 10 (1), p. 33 ; Eörs Szathmáry et John Maynard Smith, « The major evolutionary transitions », *Nature*, 1995, 374 (6519), p. 227-232 ; D'Arcy Thompson, *On Growth and Form*, Cambridge, U.K., Cambridge University Press, 1942 ; John S. Torday, « A central theory of biology », *Medical Hypotheses*, 2015, 85 (1), p. 49-57.

4. Dans un précédent ouvrage, j'ai abordé les différentes notions du « soi », en examinant ses bases physiologiques potentielles. Antonio Damasio, *L'Autre Moi-même. Les nouvelles cartes du cerveau, de la conscience et des émotions*, Paris, Odile Jacob, 2010.

PARTIE II
DE L'ESPRIT ET DE L'ART NOUVEAU DE LA REPRÉSENTATION

1. L'intelligence, l'esprit et la conscience

1. On ne saurait aborder la notion d'intelligences implicites sans citer les travaux de František Baluška et Michael Levin, « On having no head : Cognition throughout biological systems », *Frontiers in Psychology*, 2016, 7, p. 1-19 ; František Baluška et Stefano Mancuso, « Deep evolutionary origins of neurobiology : Turning the essence of "neural" upside-down », *Communicative & Integrative Biology*, 2009, 2 (1), p. 60-65 ; František Baluška et Arthur Reber, « Sentience and consciousness in single cells : How the first minds emerged in unicellular species », *BioEssays*, 2019, 41 (3), e1800229 ; Paco Calvo et František Baluška, « Conditions for minimal intelligence across eukaryota : A cognitive science perspective », *Frontiers in Psychology*, 2015, 6, p. 2329.

2. Sentir n'est pas la même chose qu'être conscient et ne requiert pas d'esprit

1. Claude Bernard, *Leçons sur les phénomènes de la vie communs aux animaux et aux végétaux*, Paris, Librarie J. B. Baillière et Fils, 1879 (reprints à la Collection of the University of Michigan Library) ; A. J. Trewavas, « What is plant behaviour ? », *Plant Cell and Environment*, 2009, 32, p. 606-616 ; Edward O. Wilson, *The Social Conquest of the Earth*, New York, Liveright Publishing Corporation, 2012.
2. Colin Klein et Andrew B. Barron, « How experimental neuroscientists can fix the hard problem of consciousness », *Neuroscience of Consciousness*, 2020 (1), niaa009.

5. La fabrication des images mentales

1. Pour une vue d'ensemble de leurs travaux fondateurs sur la vision, voir David Hubel et Tortsen Wiesel, *Brain and Visual Perception*, New York, Oxford University Press, 2004.
   Un tour d'horizon récent sur la perception visuelle : Richard Masland, *We Know It When We See It : What the Neurobiology of Vision Tells Us about How We Think*, New York, Basic Books, 2020.
   Voir aussi : Eric R. Kandel *et al.*, *Principles of Neuroscience*, New York, McGraw-Hill, 5e édition, 2013 ; Stephen M. Kosslyn, *Image and Mind*, Cambridge, Harvard University Press, 1980 ; Stephen M. Kosslyn, Giorgio Ganis et William L. Thompson, « Neural foundations of imagery », *Nature Reviews Neuroscience*, 2001, 2, p. 635-642 ; Stephen M. Kosslyn, Alvaro Pascual-Leone, Olivier Felician, Susana Camposano *et al.*, « The role of area 17 in visual imagery : Convergent evidence from PET and rTMS », *Science*, 1999, 284 (5411), p. 167-170 ; Scott D. Slotnick, William L. Thompson et Stephen M. Kosslyn, « Visual mental imagery induces retinotopically organized activation of early visual areas », *Cerebral Cortex*, 2005, 15, p. 1570-1583.
2. Pour une étude sur les complexités de la perception olfactive et du goût, voir les travaux de Richard Axel, Linda Buck et Cornelia Bargman. Par exemple Linda Buck et Richard Axel, « A novel multigene family may encode odorant receptors : A molecular basis for odor recognition", *Cell*, 1991, 65 (1), p. 175-187.

6. Transformer l'activité neurologique en mouvement et en esprit

1. Eric R. Kandel *et al.*, *Principles of Neuroscience*, *op. cit.* Voir les chapitres consacrés à l'anatomie et à la physiologie du système nerveux.

7. La fabrique de l'esprit

1. Stuart Hameroff. « The quantum origin of life : How the brain evolved to feel good », *in* Michel Tibayrenc et Francisco José Ayala (éd.), *On Human Nature*, Amsterdam, Elsevier/AP, 2017, p. 333-353 ; Roger Penrose, « The emperor's new mind », *Royal Society for the Encouragement of Arts, Manufactures and Commerce*, 1991, 139 (5420), p. 506-514.

8. L'esprit des plantes et la sagesse du prince Charles

1. Walter B. Cannon, *The Wisdom of the Body*, New York, Norton, 1932 ; Walter B. Cannon, « Organization for physiological homeostasis », *Physiological Review*, 1929, 9, p. 399-431 ; Claude Bernard, *Leçons sur les phénomènes de la vie communs aux animaux et aux végétaux*, *op. cit.* ; Michael Pollan, « The intelligent plant », *The New Yorker*, 23 et 30 décembre 2013.
2. Dans certaines circonstances, les plantes peuvent entretenir des relations collaboratives et même symbiotiques. Les réseaux souterrains des racines des arbres en donnent le principal exemple. Tous illustrent le pouvoir des différentes variétés d'intelligence non consciente, dépourvue d'esprit, et évidemment non neuronale. Voir Monia Gagliano, *Ainsi parlaient les plantes*, New York, Penguin Random House, 2018.

9. Des algorithmes dans la cuisine

1. Michel Serres, *Petite Poucette*, Le Pommier, Paris, 2012.

PARTIE III
DES SENTIMENTS

1. À l'origine des sentiments : planter le décor

1. Stuart Hameroff, avec d'autres scientifiques, estime que certains organismes ont pu éprouver des sentiments avant l'apparition des systèmes nerveux. Cette idée provient, je crois, du constat selon lequel certaines « configurations physiques » seraient plus susceptibles d'être associées à des états de vie stables et viables. Je partage ce constat ; pour autant, j'estime que ces configurations physiques favorables ne peuvent à elles seules engendrer des sentiments – c'est-à-dire, engendrer des états mentaux liés à l'état général de l'organisme. À ce que je sache, l'existence de ces états mentaux requiert la présence de systèmes nerveux extrêmement complexes et dépend de la représentation des différents états de l'organisme dans des cartes neuronales. Voir Stuart Hameroff, « The quantum origin of life : How the brain evolved to feel good », art. cit.

2. L'affect

1. J'utilise le terme « primordial » dans son acception habituelle, pour évoquer la nature simple et directe que je prête aux sentiments tels qu'ils étaient au début de l'évolution humaine, et tels qu'ils sont encore chez de nombreuses espèces non humaines – et chez les enfants humains en bas âge. Je parle alors de sentiments « homéostatiques », pour les distinguer des sentiments émotionnels qui ont leur origine dans l'engagement des émotions. Dans *Les Émotions primordiales et l'éveil de la conscience*, important ouvrage de Derek Denton, le terme « primordial » renvoie aux types de procédés homéostatiques qui produisent des « états d'excitation impérieux » qui « nous poussent fermement à agir ». Les processus de respiration et d'excrétion (la miction, par exemple) en fournissent un cadre. Ces émotions primordiales sont suivies par leurs sentiments respectifs. Le blocage des voies respiratoires (qui provoque la « soif d'air ») est la situation emblématique menant à ces émotions/sentiments

primordiaux. Voir Derek Denton, *The Primordial Emotions : The Dawning of Consciousness*, Oxford, Oxford University Press, 2006, tr. fr. *Les Émotions primordiales et l'éveil de la conscience*, Paris, Flammarion, 2005.

2. Manos Tsakiris et Helena De Preester ont rassemblé une remarquable collection d'articles consacrés à l'intéroception, où figurent la plupart des spécialistes de neurosciences qui s'intéressent à l'intéroception. *The Interoceptive Mind : From Homeostasis to Awareness*, Oxford, Oxford University Press, 2019.
Voir aussi : A. D. (Bud) Craig, *How Do You Feel ? An Interoceptive Moment with Your Neurobiological Self*, Princeton, Princeton University Press, 2015 ; A. D. (Bud) Craig, « Interoception : The sense of the physiological condition of the body », *Current Opinion in Neurobiology*, 2003, 13 (4), p. 500-505 ; Hugo D. Critchley, Stefan Wiens, Pia Rotshtein, Arne Öhman et Raymond J. Dolan, « Neural systems supporting interoceptive awareness », *Nature Neuroscience*, 2004, 7 (2), p. 189-195.
3. Pour une distinction raisonnable entre homéostasie et allostasie, voir : Bruce S. McEwen, « Stress, adaptation, and disease : Allostasis and allostatic load », *Annals of the New York Academy of Sciences*, 1998, 840 (1), p. 33-44.
4. Les références suivantes couvrent extensivement le sujet de l'affect, de sa conception générale à son implémentation biologique et neuronale.
Ralph Adolphs et David J. Anderson, *The Neuroscience of Emotion : A New Synthesis*, Princeton, Princeton University Press, 2018 ; Ralph Adolphs, Hanna Damasio, Daniel Tranel, Greg Cooper et Antonio Damasio, « A role for somatosensory cortices in the visual recognition of emotion as revealed by three-dimensional lesion mapping », *Journal of Neuroscience*, 2000, 20 (7), p. 2683-2690 ; Antonio Damasio, *Le Sentiment même de soi. Corps, émotions, conscience*, Paris, Odile Jacob, 1999 ; Antonio Damasio, Hanna Damasio et Daniel Tranel, « Persistence of feelings and sentience after bilateral damage of the insula », *Cerebral Cortex*, 2012, 23, p. 833-846 ; Antonio Damasio, Thomas J. Grabowski, Antoine Bechara, Hanna Damasio, Laura L. B. Ponto, Josef Parvizi et Richard Hichwa, « Subcortical and cortical brain activity during the feeling of self-generated emotions », *Nature Neuroscience*, 2000, 3 (10), p. 1049-1056 ; Antonio Damasio et Joseph LeDoux, « Emotion », *in* Erik R. Kandel, *Principles of Neural Science*, *op. cit.* ; Richard Davidson et Brianna S. Shuyler, « Neuroscience of happiness », *in* John F. Helliwell, Richard Layard et Jeffrey Sachs (éd.), *World Happiness Report 2015*, New York, Sustainable Development Solutions Network, 2015 ; Mary Helen Immordino-Yang, *Emotions, Learning, and the Brain : Exploring*

the Educational Implications of Affective Neuroscience, New York, W.W. Norton & Company, 2015 ; Kenneth H. Nealson et J. Woodlet Hastings, « Quorum sensing on a global scale : Massive numbers of bioluminescent bacteria make milky seas », art. cit. ; Anil K. Seth, « Interoceptive inference, emotion and the embodied self », *Trends in Cognitive Sciences*, 2013, 17 (11), p. 565-573 ; Mark Solms, *The Feeling Brain : Selected Papers on Neuropsychoanalysis*, Londres, Karnac Books, 2015 ; Anthony G. Vaccaro, Jonas T. Kaplan et Antonio Damasio, « Bittersweet : The neuroscience of ambivalent affect », *Perspectives on Psychological Science*, 2020, 15, p. 1187-1199.

3. Efficacité biologique et origine des sentiments

1. Stuart Hameroff, « The quantum origin of life : How the brain evolved to feel good », art. cit.

6. Le fondement des sentiments III

1. Helena De Preester évoque ce sujet directement dans un article incisif et instructif consacré à la phénoménologie des sentiments. S'il nous faut qualifier les sentiments de « perceptions », il faut souligner qu'ils en constituent des exemples *non conventionnels* ; Helena De Preester, « Subjectivity as a sentient perspective and the role of interoception », *in* Manos Tsakiris et Helena De Preester (éd.), *The Interoceptive Mind*, *op. cit.*

7. Le fondement des sentiments IV

1. Antonio Damasio et Gil B. Carvalho, « The nature of feelings : Evolutionary and neurobiological origins », *Nature Reviews Neuroscience*, 2013, 14 (2), p. 143-152 ; Gil Carvalho et Antonio Damasio, *Interoception as the Origin of Feelings : A New Synthesis* (à paraître).

8. Le fondement des sentiments V

1. Antonio Damasio, *L'Ordre étrange des choses*, *op. cit.*

9. Sans problème, et vous en plus

1. Emily Dickinson, « Poem XLIII », *Collected Poems*, Philadelphia, Courage Books, 1991.

12. Un rassemblement de connaissances

1. Mon collègue Max Henning a commenté ce paragraphe comme suit : « Il est intéressant de souligner que cette vision de la conscience, qui se refuse à situer le sujet mental dans une fonction ou substance physiologique spéciale et distincte, et pense au contraire que ce sujet est quelque peu parcellaire, qu'il réside dans les attributs de chacune des images du flux mental, a un précédent dans la philosophie bouddhiste. Les doctrines bouddhistes de l'impersonnalité (*anattā* en pali) et de l'"origine conditionnée" soutiennent que le sujet mental, ou "soi", n'a pas d'essence substantielle ; il n'existe qu'en relation avec les "objets" mentaux – et ces derniers n'existent eux-mêmes qu'en relation avec le sujet, comme l'indique le philosophe David Loy. Cette convergence apparente entre les études sotériologiques et épistémologiques de la nature de la conscience et du sujet mental mérite d'être explorée plus avant. » David R. Loy, *Nonduality in Buddhism and Other Spiritual Traditions*, Somerville, Wisdom Publications, 2019.

13. L'assimilation n'est pas la source de la conscience

1. Giulio Tononi et Christof Koch ont avancé une théorie différente quant au rôle de l'assimilation des informations. Voir Christof Koch, *The Feeling of Life Itself : Why Consciousness Is Widespread but Can't Be Computed*, Cambridge, MIT Press, 2019.

14. La conscience et l'attention

1. Stanislas Dehaene et Jean-Pierre Changeux ont grandement contribué à faire toute la lumière sur l'intersection de l'attention et de la conscience. Voir Stanislas Dehaene, *Le Code de la conscience*, Paris, Odile Jacob, 2014.

16. Perte de conscience

1. Souvenirs personnels.
2. František Baluška, Ken Yokawa, Stefano Mancuso et Keith Baverstock, « Understanding of anesthesia. Why consciousness is essential for life and not based on genes », *Communicative & Integrative Biology*, 2016, 9 (6), e1238118.
3. Jerome B. Posner, Clifford B. Saper, Nicholas D. Schiff et Fred Plum, *Plum and Posner's Diagnosis of Stupor and Coma*, New York, Oxford University Press, 2007.
4. Voir Antonio Damasio, *Le Sentiment même de soi*, *op. cit*, chapitre 8. Voir aussi Josef Parvizi et Antonio Damasio, « Neuroanatomical correlates of brainstem coma », *Brain*, 2003, 126 (7), p. 1524-1536 ; Josef Parvizi et Antonio Damasio, « Consciousness and the brainstem », *Cognition*, 2001, 79 (1), p. 135-160.

17. Le rôle des cortex cérébraux et du tronc cérébral dans la fabrique de la conscience

1. Antonio Damasio, *L'Autre moi-même*, *op. cit.* ; Antonio Damasio, Hanna Damasio et Daniel Tranel, « Persistence of feelings and sentience after bilateral damage of the insula », *Cerebral Cortex*, 2012, 23, p. 833-846 ; Antonio Damasio et Kaspar Meyer, « Consciousness : An overview of the phenomenon and of its possible neural basis », art. cit.

18. Machines sensibles et machines conscientes

1. Kingson Man et Antonio Damasio, « Homeostasis and soft robotics in the design of feeling machines », *Nature Machine Intelligence*, 2019, 1, p. 446-452.

PARTIE V

En toute honnêteté : un épilogue

1. Je pense notamment aux idées de Peter Singer et Paul Farmer, exemples de réponse aux difficultés humaines actuelles que j'admire particulièrement. Voir Peter Singer, *The Expanding Circle : Ethics, Evolution, and Moral Progress*, Princeton, Princeton University Press, 2011 ; Paul Farmer, *Fevers, Feuds, and Diamonds : Ebola and the Ravages of History*, New York, Farrar, Straus and Giroux, 2020.

AUTRES LECTURES

Lawrence W. Barsalou, « Grounded cognition », *Annual Review of Psychology*, 2008, 59, p. 617-645.

Nick Bostrom, *Superintelligence : Paths, Dangers, Strategies*, Oxford, Oxford University Press, 2014.

Sean Carroll, *The Big Picture*, New York, Dutton, 2016.

John Gray, *The Silence of Animals : On Progress and Other Modern Myths*, New York, Farrar, Strauss and Giroux, 2013.

Siri Hustvedt, *The Delusions of Certainty*, New York-Londres-Toronto-Sydney-New Delhi, Simon and Schuster, 2017.

Rodrigo Quian Quiroga, « Plugging into human memory : Advantages, challenges, and insights from human single-neuron recordings », *Cell*, 2019, 179 (5), p. 1015-1032.

David Rudrauf, Daniel Bennequin, Isabela Granic, Gregory Landini, Karl Fristone et Kenneth Willifordf, « A mathematical model of embodied consciousness », *Journal of Theoretical Biology*, 2018, 428, p. 106-131.

John S. Torday, « A central theory of biology », *Medical Hypotheses*, 2015, 85 (1), p. 49-57.

Luis P. Villarreal, « Are viruses alive ? », *Scientific American*, 2004, 291 (6), p. 100-105.

Edward O. Wilson, *The Social Conquest of the Earth*, New York, Liveright Publishing Corporation, 2012.

Remerciements

En temps normal, c'est ici que l'auteur décrit les circonstances de la naissance de son projet. J'ai toutefois raconté la genèse de ce livre dans l'introduction : il est né d'une idée de mon éditeur, Dan Frank, et de ma propre frustration quant au format traditionnel des ouvrages de science, qui ont donné naissance à *Sentir et savoir*. Je remercie Dan Frank de m'avoir mis sur cette voie, qui m'a permis de redécouvrir mes propres travaux – et de m'apercevoir que j'avais bien résolu une partie des problèmes scientifiques qui me tourmentaient.

C'est également ici que l'auteur salue les collègues et les amis qui l'ont aidé dans cette curieuse aventure. Je tiens tout d'abord à mentionner mes collègues du Brain and Creativity Institute qui partagent ma vie scientifique et avec lesquels j'échange tous les jours des idées sur tous les aspects de la biologie, de la psychologie et des neurosciences. Certains d'entre eux ont relu avec patience les premières versions de cet ouvrage, les ont commentées avec intelligence et m'ont conseillé avec sagesse : il s'agit de Kingson Man, Jonas Kaplan, Max Henning, Helder Araujo, Anthony Vacarro, John Monterosso, Marco Verweij, Gil Carvalho, Assal Habibi, Rael Cahn, Mary Helen Immordino-Yang, Leonardo Christov-Moore, Morteza Dehghani et Lisa Aziz Zadeh.

Beaucoup d'amis ont eu la gentillesse de me lire, de m'encourager et de commenter mes écrits. Je pense notamment à Peter Sacks, Jorie Graham, Hartmut Neven, Nicolas Berggruen, Dan Tranel, Josef Parvizi, Barbara Guggenheim, Regina Weingarten, Julian Morris, Landon Ross, Silvia Gaspardo Moro et Charles Ray. Ils ont toute ma gratitude – d'autant plus que certains d'entre eux m'ont accompagné plus d'une fois dans l'entreprise insensée qui consiste à consigner des idées sur le papier.

Au fil des années, j'ai remarqué que mes ouvrages sont grandement influencés par la stabilité de mon environnement de travail ; j'ai également remarqué que j'avais tendance à associer la musique que j'écoute et les œuvres d'art que je vois à mon processus d'écriture, au point d'être incapable d'écrire sans eux. Je sais que certains de mes précédents ouvrages portent la marque de Maria João Pires, Yo-Yo Ma et Daniel Barenboim, entre autres artistes et amis que j'admire. Cette fois, c'est la violoncelliste Elena Andreyev, avec sa riche interprétation des *Suites pour violoncelle seul* de Bach, qui m'est venue en aide à plus d'une reprise – un véritable havre de clarté et de stabilité. Je la remercie pour ces longues heures passées en sa compagnie.

Je voudrais remercier tout particulièrement Odile Jacob et Bernard Gotlieb, nos éditeurs pour la France, qui sont devenus des amis très proches. Ils sont les leaders de l'édition scientifique et j'écoute très attentivement leurs avis. Ils m'ont demandé d'écrire depuis longtemps un ouvrage plus court qui s'appuierait sur les nouvelles idées qui résultent de nos travaux. Voici le livre qu'ils m'ont commandé. Je les remercie très chaleureusement pour leur enthousiasme et leurs excellents conseils.

Michael Carlisle et Alexis Hurley ne sont pas seulement les agents littéraires les plus professionnels qui soient : ils sont aussi des amis indispensables.

Je les remercie pour leur bonne humeur et pour leurs encouragements.

Je ne peux plus imaginer ma vie professionnelle sans Denise Nakamura, la plus calme et la plus compétence des assistantes, qui sait conduire des recherches bibliographiques avec une sérénité hors pair – et préparer mes textes (manuscrits ou dictés) à la perfection. Je ne la remercierai jamais assez.

Hanna Damasio sait ce que je pense, et lit pourtant chacun de mes mots. Qu'elle soit d'accord ou non, elle offre des commentaires constructifs à chacune de mes idées, avec patience. Ce qu'elle apporte à ce travail est capital et j'ai pour elle une immense gratitude.

Table

DU MÊME AUTEUR
CHEZ ODILE JACOB

L'Ordre étrange des choses. La vie, les sentiments et la fabrique de la culture, 2017.

L'Autre moi-même. Les nouvelles cartes du cerveau, de la conscience et des émotions, 2010.

L'Erreur de Descartes. La raison des émotions, nouvelle édition 2006.

Spinoza avait raison. Le cerveau de la tristesse, de la joie et des émotions, 2003.

Le Sentiment même de soi. Corps, émotions, conscience, 1999.

Cet ouvrage a été imprimé sur du papier
dont les fibres de bois proviennent
de forêts durablement gérées

Cet ouvrage
a été achevé d'imprimer
sur les presses de la
Nouvelle Imprimerie Laballery à Clamecy
en mai 2022

N° d'édition : 7381-5460-3 – N° d'impression : 205200
Dépôt légal : mai 2021

Imprimé en France